NO. 1 风靡欧美的
校园生存规划智慧丛书

U0886808

赵梓伊·编著

青少年的成功品格

吉林出版集团　吉林文史出版社

图书在版编目(CIP)数据

青少年的成功品格 / 赵梓伊编著. — 长春 : 吉林文史出版社，2014.6
(校园生存规划智慧丛书 / 边德明，宋英梅，刘岩主编)
ISBN 978-7-5472-2090-0

Ⅰ. ①青… Ⅱ. ①赵… Ⅲ. ①成功心理－青少年读物 Ⅳ. ①B848.4-49

中国版本图书馆CIP数据核字(2014)第082065号

青少年的成功品格

编　　著:赵梓伊　　　　　　　　中文审读:王宏斌　张　萌
责任编辑:李相梅　　　　　　　　校　　对:刘　洋　金　昊
丛书主编:边德明　宋英梅　刘　岩　插　　画:郭霄霄　橙　儿　李婉泽
美术编辑:韩　丹　于洋洋　清　风　　　　　赵卓君　边睿婷　勾　奇
出版发行:吉林出版集团　吉林文史出版社(长春市人民大街4646号)
　　　　全国新华书店经销
印　　刷:三河市同力印刷装订厂
开　　本:720mm×1000mm　1/16
印　　张:12
字　　数:80千字
标准书号:ISBN 978-7-5472-2090-0
版　　次:2015年1月第1版
印　　次:2015年1月第1次
定　　价:29.80元

校园生存规划智慧丛书

编委会

主　编：	边德明	宋英梅	刘　岩
编　委：	李丽薇	张　萌	边德明
	蒋琳琳	贾　琦	金　昊
	宋英梅	王宏斌	韩　丹
	郭霄霄	橙　儿	刘思研
	邢海霞	张海洋	于洋洋
	徐　欣	侯婧文	胡　楠
	李春兰	李俊焘	刘　岩
	刘　洋	高金凤	杨　帅
	张大力	王国军	

Contents

目录

第四辑 失败难灭梦想

第五辑 成功需要方向

第六辑 疯狂的英雄

第一辑

坚持、专注创奇迹

QINGSHAONIANDECHENGGONGPINGE

竺可桢

坚持到底

【名人典范】

小时候的竺可桢对学习就有浓厚的兴趣，5 岁的时候就能识千字，《三字经》《千字文》都倒背如流。在同龄的孩子当中，竺可桢是佼佼者，但这并不是他的目标，他的对手是他自己。一个人，只有把自己看成了对手，才能不断地超越。

有一次，竺可桢的哥哥竺可材教他写作文。他写第一遍的时候，觉得不好，便撕了，重新写一遍。写第二遍的时候，还是觉得不够完美，又重写了一遍。第三遍、第四遍……直至写到自己满意为止。等到竺可桢写完，准备休息的时候，天已经微亮了。刚起床的嫂子一看竺可桢才入睡，责怪竺可材，让年幼的弟弟熬夜写作文，这对他身体不好。竺可材解释道，是弟弟自己坚持要写的，没有人逼他。

竺可桢的“任性”谁都不能遏制。他喜欢看书，喜欢写文章，喜欢看下雨。一到下雨天，竺可桢就会趴在窗台或者门槛上，看着雨滴滴落。

有一次，竺可桢盯着雨滴入神。他发现每一颗水滴都会滴落在小石头坑里。竺可桢好奇地去问母亲，母亲告诉他，那是因为雨滴一次次滴落在石头上，经过很长时间才形成了这一个小小的水坑。时间越长，水坑就会越深越大，这叫“水滴石穿”。

母亲告诉竺可桢，在生活中无论做什么事，只要持之以恒，都会有所成就的。因为这“水滴石穿”的故事，竺可桢更加勤奋、刻苦地学习，而这四个字更成了他的座右铭，伴随他一生。

后来，竺可桢成了我国著名的气象学家。有所成就的他，并没有抛弃“水滴石穿”的精神，而是更加孜孜不倦地钻研。

从 1936 年开始，竺可桢就把日记内容转为气象专栏。每天他都会亲自外出测风，并记录下阴晴、冷暖、风向、风速等。这样的记录，并不是草率下笔的，都是经过细心审核才填写上去的。对于他来说，这并不是一本简单的日记本，而是一本科研观察工作的记录本。

竺可桢还喜欢去北海公园散步，当然，散步并不是他的意图，他的关注点仍然在那些花草树木上。每天，他都要来回走好几遍，记录下那些景物的繁盛、衰败，哪天湖水结冰、哪天荷花展露。有时候因为出差不能去北海公园，竺可桢就会动员妻子、儿女，甚至是邻家孩子去北海公园观察，并做下记录。

竺可桢撰写的文章联系了农业实际，指出了农业生产和天气之间的关系。这一点在当时中国并没有被发现。他的观点，很受毛泽东的欣赏，毛泽东还多次接见他，和他一起讨论关于中国气象和农业的问题。毛泽东还开玩笑说：“我管好地，你管好天，这下农业就有好发展了。”

虽然这是一句玩笑话，但是可以看出，毛泽东对竺可桢是十分赞赏和信任的。一个人的努力得到别人的认可，这就是他最开心的时刻，因为这就证实了这个人当初的坚持是有意义的、是正确的。

竺可桢直到 1974 年 2 月 6 日去世，一天都没有忘记观察记录的工作。直到临走的时候，他还惦记着当天的日记还没写下。竺可桢拿起笔，写下：“晴转多云，东风一至二级……”这是他写下的最后一篇日记，在人生的最后一刻，他也没有放弃自己的工作。

这样的观察工作虽然平凡，但是竺可桢几十年来从没间断过。正是这平凡的观察记录，为后人积累了很多宝贵的经验，也给我国的气象学提供了很多参考资料。事情虽小，但是积少成多，一件简单的事情坚持久了，就不再是简单的事情了。

【故事小结】

竺可桢取得的成就并不单单因为他的聪明，更多的是他的坚持。从小就养成的习惯，他居然能保持到离开人世的那一刻。

坚持是一个过程，一个连续不断的过程。想要成就大事，必定要从小事做起，慢慢积累方可到极点爆发，这样就可以站在山峰的最顶端。

古人对“坚持”也有所强调：不积跬步，无以至千里；不积小流，无以成江海。锲而舍之，朽木不折；锲而不舍，金石可镂。

这样的道理，我们从小就耳熟能详，但是又有谁能真的自始至终做到自己最初所想的状态呢？也许有些人从一开始就只是想想而已，从未付诸行动，更不用说要坚持到底了。而有些人则是没有恒心、毅力坚持到最后。后一种人，即使开始了也等于没有，因为没有坚持到最后，一切就都变成了泡沫。其实，这两种情况都是非常可怕而可惜的，这会阻碍我们前进的脚步。

在一个人的精神世界里，“坚持”这个品格是不可缺少的。如果没有恒心，那就只能半途而废。雨滴的坚持，让它能够穿透石壁；风沙的坚持，让它能够磨平山岩；而我们的坚持，可以把铁棒磨成针。

追溯坚持的原因，其实有很多，有些是值得鼓励的，有些则是要谨慎为之。比如，有些人因为怕失败后被人耻笑，便硬着头皮一直向前，最终成功了；而有些人目标明确，就是为了成功而勇敢地一战到底，结果这些人也获得了成功。显然，无论出于什么样的原因，这两种人都成功了。

只是，我们比较鼓励第二种人。人生是自己的，我们应该为了自己的目标而活、而坚持，这才会让自己放松心情，一步一步走下去。

德国诗人歌德曾说：“向着某一天终于要达到的那个终极目标迈步还不够，还要把每一步骤看成目标，使它作为步骤而起作用。”也许，大目标看似遥不可及，但如果在每一阶段都能坚持完成小目标，那么相信某一天，当我们抬起头时就会发现，原本那个遥不可及的大目标，也并不是那么难以实现的。

坚持，经常都与成功一起出现，它也慢慢地变成了成功的代名词。虽然坚持未必会成功，但是不坚持，就注定了失败。所以，年轻的朋友一定要记住：为自己的梦想而坚持不懈地努力吧！

董仲舒

做学问三年不窥园

【名人典范】

董仲舒是西汉时期的儒学大师，自小就天资聪慧，喜爱读书。他常常会因为专注地读书而错过吃饭的时间。

早晨，阳光刚入窗，董仲舒就已经在窗前读书了；而月亮当空的时候，他依然在书桌前孜孜不倦地读书。

对董仲舒的努力，他的父亲看在眼里，既欣慰又心疼，于是为了让儿子能偶尔歇歇，他在儿子的书房旁建了一座花园。说到这花园，董太公可是花了很多心思的。他特意聘请江南工匠，建造了这一片精致的花园。

刚建起来的花园，在阳光的沐浴下格外漂亮。林荫小道，绿草葱葱，鸟语花香间，又伴着蝴蝶飞舞，花园里一片生机勃勃的样子。

董仲舒的姐姐在花园散步时，都不禁对这样的景色着迷了。想起书房里的弟弟，她就进屋邀请他去花园赏花。可是董仲舒却摇了摇头，拿着手里的书走回去，继续看他手中的《春秋》。这是先生布置给他的作业，所以他丝毫不敢怠慢。

第二年，花园里建起了假山、池子。在池中注入清泉，晶莹透亮。夏天的时候，邻家的孩子都喜欢围在池子边嬉水，在假山上嬉闹。小朋友们喊董仲舒一起玩耍，但他一动不动，还是坐在窗前，入迷地看着书，甚至连头都没有抬一下。

这座花园历时三年才建造完工。竣工之后，亲戚朋友都赶来了，想看看这座具有江南特色的精致花园。董太公叫儿子歇歇，出来散散步，可是董仲舒只是点点头，过后又埋头读书，把玩耍的事情给忘了。

中秋节到来时，父亲原以为借节日的名义让董仲舒去花园吃月饼、赏月是顺理成章的事。可夜幕降临，大家都在院中静静欣赏月色，唯独少了董仲舒一人。这个小家伙，又在家人闲聊的时候，偷偷溜进了书房，遨游在书海中。

董太公为儿子建造花园，下了大功夫，可是董仲舒三年都未涉足这个美地，尽管外面夜莺高歌，花香扑鼻，流水潺潺，可一切似乎都与他无关。他不曾为美景所动，却在书本中沉醉了。

小时候的董仲舒就如此爱学习，随着时间慢慢推移，他对学问的欲望也不断增强，继而更加努力地汲取书本里的知识。从儒家、道家，到阴阳家、法家，他统统读了个遍。

读完书后，他更有了自己的想法，他把儒家思想概括成“三纲五常”，更是建议汉武帝独尊儒术。

可见，正是不被周遭环境牵绊或影响，几年如一日地学习，专心致志地钻研学问，研究各家思想，才使他最终成为西汉时期的著名思想家。

【故事小结】

小时候，想必我们都曾听过“小猫钓鱼”这个故事。这是最简单易懂的故事，它教我们做事要一心一意。而董仲舒三年不窥园的故事告诉我们的也是这个道理：做事情要专注。

董仲舒三年不窥园，是一种专注的表现，也是对学问的一种追求的态度。这样的专注，正是我们所要提倡的，这几乎已经达到了一种境界。这种境界，是否能达到，还需要看一个人自身的专注力。

专注力源于自己的心境。有什么样的心境，就会有什么样的状态，而状态就决定了做事情的结果。一开始想要做好一件事，就一定要保持一种平稳的心境，不能浮躁，这样才能有专注的状态，把事情做好。

专注的相反面，便是三心二意，这样的状态，往往导致的就是碌碌无为的结局。三心二意很可怕，因为它有可能会吞噬掉我们最初的想法，以至于到最后，我们早先的梦想连一点儿踪迹也没有了。

也许，有些人在某一个阶段可以做很多种事情，并且完成得很好。我们不否认，这样的人确实存在，但我们并不需要羡慕，因为他们可能比常人更具智慧。而我们大多数人都是平凡的，这就要求我们付出更多的努力，更多的专注力，才能促成一件事的成功。

确定了自己的目标，就直奔目标而去，不要在意沿途的风景，这些往往是充满诱惑力的，只要稍加停留，我们就会丧失专注力，甚至最终会沉迷其中。久而久之，泥足深陷使我们不能自拔，便会失去原初的动力。

所以，在某一个阶段去做一件事的时候，一定不能分心。无论外面的世界多嘈杂、多缤纷，都要保持一个平稳的心境，达到一个全神贯注的状态。等到这一阶段结束，看见自己的成果时，相信我们必定不会懊悔，相反，我们会为我们能够抵住诱惑而感到自傲。

事实上，每个人都会对一件事、一个人产生专注力，而这份专注力持续的时间是长是短，就要看个人的那种心境了。

当然，有人会这样说：人的一生如此之长，一直做得专注，那么紧绷着的弦就会断了，所以偶尔还是要放松一下的。的确，这样的说法也不是谬论，只是我们要看放松的程度。因为人的专注力一旦分散，就很难再集中起来。

我们不妨如此：在某一个阶段，去做好一件事，而在开始下一阶段之前，就可以放松一下，但这个程度不能太开、太阔，因为这会导致我们进入下一阶段时留恋那种放松感。故此，能做到让那根弦收放自如，对我们来说才是最重要的。

当然，这只是对于已经形成专注习惯的成年人而言。对于青少年来说，还是应该用恒久专注的精神，度过变化莫测的青春期，就像董仲舒三年不窥园，在年幼时期恒久专注，可以帮助我们更好地培养这种能力。

青少年时期是最易形成专注力的时候，所以一定要静下心来，找到那个平稳的心境。等到成年了，有控制力了，便可以在每一个阶段稍加放松，而后继续生活的旅程。

司马光

警枕励志

【名人典范】

司马光小的时候很顽皮，而且很贪睡，私塾先生对他无可奈何，说也说了，骂也骂了，藤鞭也甩过好几下，可是司马光就是改不掉这些毛病。

每次先生在前面讲课的时候，司马光就会趴在桌子上睡觉。但一下课，就立刻跑没影儿了。尽管司马光惹得先生很生气，不过先生知道，他是一个可造之材。于是便循循善诱，教导他做人的道理。司马光的确是一个聪明的孩子，不枉老师一番苦心，很快就有所改变了。

此后，每逢上课，司马光总是坐得笔直，认真听先生讲课。下课后，其他孩子勉勉强强背完先生布置的课文后，就出去和同伴玩了。而司马光却把家中的门窗都关上，开始朗诵，一遍一遍，直到合上书，都能一字不落地把课文流畅地背诵下来。

司马光为了做学问，不再贪玩，他把玩的时间都让给了学习。不过，贪玩是司马光可以控制的，可对于贪睡，他却显得有点力不从心。他想过很多种方法使自己不再贪睡，试过临睡前喝很多水，这样早晨就会被尿憋醒，就不会起晚了。可是司马光还是失败了，他还是睡到太阳当空照，更让人吃惊的是，他居然尿床了。

司马光很无奈，还能有什么更好的办法呢？后来，司马光想到，是否因为自己的枕头太舒服了，所以才这么贪恋睡觉呢？于是，他就把软软的枕头换成了一个圆圆的木头。

睡在圆木上，自然没有枕头舒服了。圆木在脖子下面一直“不安分”，司马光睡着睡着圆木就会滚起来，脑壳儿一下就会跌撞在床板上，瞬间他就清醒了。终于，司马光找到了不让自己贪睡的方法。之后，他就一直枕着这个圆木睡觉，还给它取了一个名字叫“警枕”。

每当司马光看书看得趴下了，这个“警枕”都会起到很好的提醒作用。就这样，日复一日，年复一年，司马光看了很多书籍。司马光这一生一直在坚持学习。做官以后，他并没有与那些腐败的官员同流合污，而是用更多的时间来充实自己的头脑。

在司马光的寝室里，除了书桌、书和一张床，就再也没有过多的摆设。而他的床上，依旧放着那根圆木。彼时，他都已经为官了，可还是如此严格地要求自己。

司马光想尽办法挤时间读书、学习，这样的勤奋成就了他的学问。终于，他历时 19 年的光阴，成功编著了《资治通鉴》这部不朽的历史巨作，被世人传承至今。

【故事小结】

司马光用一生的努力，印证了那句名言：“只要功夫深，铁杵磨成针。”有这样持之以恒的学习精神，他才成为北宋的政治家、文学家和史学家。

司马光能有这样的成就，现在看来自然不是一蹴而就的。从一开始的顽皮贪睡，到后来的勤学苦读，这是一个质的飞跃。这个过程，通常都会很艰辛，遇到的困难也会很多，甚至会让人胆怯或退缩。

司马光并非天才，他的故事告诉我们，只要肯吃苦，就能收获他人收获不到的成就。在我们中间，就算某些人特别聪明，但如果不努力，也一样不可能成功。

吃苦的过程是我们每个人在青少年时期都会面临和经历的，如何抉择，是堕落还是坚持？司马光为了学问，放弃玩乐，戒掉贪睡，想尽一切办法终于克服了这两个毛病，并一直把好的习惯坚持到最后，这就是我们的榜样。

青少年时期是我们一生中最珍贵的阶段，同时也是最容易迷茫的时段。很多时候，青少年的大好光阴都会在我们的梦里昏昏沉沉地被睡去。这一睡，也许就错过了最血气方刚的年纪，错过了最能吃苦耐劳的年纪，之后的我们，或许只能在无尽的岁月里惆怅。

因此，在拥有青春岁月时，我们一定要保持清醒的头脑，想方设法为提升自己找方法，并做到持之以恒，如此方能成就自己的未来。年轻的我们，在这个时期要好好把握，以不辜负青春从骨子里带给我们的激情。

玄奘

苦心孤诣学佛法

【名人典范】

《西游记》里的唐三藏，在现实当中是真有其人的，他是唐朝时期的高僧，号玄奘，出生于河南洛阳。他的祖父和曾祖父都曾为官。

玄奘小的时候家境贫寒，后跟着二哥去洛阳的净土寺，玄奘在佛学的熏陶下成长。在净土寺那5年的时间里，他学习了小乘佛法和大乘佛法。11岁的时候，就熟读了《维摩》与《法华》。

在这个年纪，同龄的孩子都过着无忧无虑的生活，没有过多地去想自己的未来。而年少的玄奘与其他孩子的选择却截然不同，他选择了研修佛法。这种选择也注定了他会比别人舍弃的东西更多。

玄奘13岁的时候被破格度僧，之后他便成了真正的僧人。没有肉、没有酒，没有七情六欲，陪伴着他的只有佛经。

玄奘虽年纪幼小，却能耐心地听完了师傅的《涅槃》《摄论》，在进行复述的时候，分析得很透彻，并加入了自己的感悟。很快，玄奘在众僧人中脱颖而出，得到大家的尊重。

玄奘把净土寺的佛经都背得滚瓜烂熟，于是他很想出去走走，听听其他法师的佛法。玄奘听说成都是有名的僧人聚集的地方，于是欣然前往。

在璀璨的大都市，玄奘对周围的繁华没有片刻留恋，他只是一心奔着佛法去的。在那里，他听了很多名僧的讲经。几年的游历中，他听佛学，精通诸部著作，这使他在佛学上有了极高的造诣，在群僧中也渐渐有了声望。

玄奘学习佛法从未间断过，到他 29 岁的时候，剃度出家。他开始学习外国语言和外国佛学。他对天竺佛法颇感兴趣，并一直计划着去天竺。

5 年之后，玄奘计划已久的天竺之行终于启程了。当然，去天竺取经不会有《西游记》里的妖魔鬼怪，但是一路险阻却是真的。

玄奘从长安出发，沿着西域过帕米尔高原前行，经历了很多苦难才达到了天竺。在天竺的 10 年间，他和很多有名的僧人接触，吸取他们在佛学上的宝贵经验。他找到了当时最著名的佛寺那烂陀寺的主持——印度最权威的戒贤法师，向他学习佛法。

在一次佛学讲座时，玄奘凭借自己的悟性解说佛学，从而在天竺的佛学中占了一席之地，被人尊称为“大乘天”。

学有所成之后，玄奘启程回东土大唐，并带回来 657 部佛经。因为天竺文并不容易阅读，玄奘又花了 10 年的时间，翻译出了大约 1330 卷的经文，供僧人学习。归来的玄奘，受到唐太宗青睐，特地为他建造了寺庙，并追加功绩。

玄奘在翻译经文的时候，都会标注一些注解，后面还会加上自己的见解，这就是“法相宗”的问世。玄奘是“法相宗”的创始人，这一宗派深深地影响了其他很多成功的教宗，甚至还流传到了韩国和日本。

玄奘为我国的佛学增加了新的内容，并且使得中外相融，精华得以传承。即便在今天的中国佛学界，很多人依旧对玄奘的贡献给予极高的评价。

【故事小结】

玄奘放弃了一切尘世的荣华，选择比其他学问更加难修的佛学，并一生为了研究佛学四处游历，取得佛经，造福于民。他的坚忍和豁达，让他在佛学上有了极高的造诣。

在一件事上执着，便注定会是孤独的。一个人因为一个信念，坚持了一件事，当其不游离于这件事情的时候，就是这件事情即将成功之际。

孤独有时候并不是一件坏事，在一个相对漫长的时间段里，它让我们学会了稳重，学会了坚持，学会了排除万难，学会了迎难而上。当然，这种现实并不会被更多人接受，因为更多人是难以忍受这样的孤独的，这也注定了更多人不会成功。

青少年是一个可变的群体，还没有比较稳定的心态，所以没有做好孤独的准备也在情理之中。年轻的心对一些事情会抵制不住诱惑，于是对最初抱定的事也三心二意，显然，结果会功亏一篑。

不过，即便我们不能享受孤独，也必须练习着坚定，保持安静的心，在繁杂的世界里，排除一切对自己不利的因素，全身心地投入追求自己的目标的行动中。如此，在未来的日子里，我们就会慢慢打磨出属于自己的刚强个性。

蒲松龄

草亭记事

【名人典范】

蒲松龄出生在一个农民家庭里，父亲有几亩地，一家人靠收获粮食也能达到温饱。父亲让蒲松龄上私塾，听先生的教诲，他希望有一天自己的儿子能有出息。

小时候的蒲松龄很聪慧，能很快地理解先生的意思，更重要的是他很喜欢读书，不管在哪儿，蒲松龄总是书不离手。

这样勤学的孩子，先生是很喜欢的。可是一天蒲松龄的父亲却向先生告知，家里无力承担松龄的学费。先生很生气，因为他知道，这样一个好学的孩子，不读书就可惜了。

然而蒲父也没有办法，遇上旱灾洪涝，几年收成都不好，只能勉强生活，而此时已经到了山穷水尽的地步了，他不得不带着松龄走南闯北从商。

幼小的蒲松龄，想到自己以后没有书读了，不禁大哭起来。但是又想想家里的境况，他还是随着父亲走了。

一路上风景独好，这些对蒲松龄来说都无关紧要。他坐在马车里，手捧着书，一页一页地翻阅，生怕落了一字一句。

晚上，车队都休息了，蒲松龄还是在油灯下看书。父亲都睡了一觉了，看见儿子还在专心地看着，心里觉得有些对不住这个孩子。可是蒲松龄反倒安慰起父亲来，“虽然现在不在私塾里上学，但是还有书看，自己已经很满足了，所以请父亲不要自责。”

有一次，他们的车队到了一个集市上，那里热闹非凡。父亲在和商人讨价还价，蒲松龄却被一个说书的人吸引了。

蒲松龄拨开人群，站在前面，津津有味地听着。正在此时，官府的衙役冲了出来，一顿打砸，把说书的老先生推倒在地。蒲松龄看不过去，便上前扶起老人离开了。

老先生不知道怎么报答蒲松龄，看着眼前的小公子，文质彬彬的，很像个读书人，就想给他讲故事。蒲松龄对故事也很感兴趣，于是就安安静静地把故事听完了。

故事很精彩，蒲松龄不仅听了故事，更听出了其中的深意。老先生诧异，这是头一次有人知道其中的含义，眼前的小孩儿不简单啊。

听完故事的蒲松龄，觉得这样的神鬼故事还可以影射社会现象，很受启发，于是就想拜老先生为师。老先生说，拜一人为师，还不如听万人纷说，他建议蒲松龄去民间搜集这样的故事，那样更能反映百姓的生活和想法。蒲松龄觉得很有道理，这种认同让他走上了另一条道路。

草亭、茶铺总是有很多来来往往的人。他们来自五湖四海，更是各有各的精彩故事。蒲松龄只要一有空闲，就到草亭去，带上纸笔，记录一个又一个传奇故事。

后来，蒲松龄娶了妻子，还通过了县、府、道的考试，一时间声名鹊起。不过，彼时的蒲松龄虽然功名在身，但依旧毫不顾忌地隐匿于草亭中搜集故事。

乡试之后，蒲松龄在科举考试中落榜了。那郁郁不得志的心情很难受，每当这个时候，蒲松龄就会想到他的故事，一想起这件事，他就来了劲头，拿上笔纸向草亭走去。

蒲松龄的好友曾劝说他，不要把精力倾注在这样的小事上，他的前途是在朝廷为官，施展才学，每天在草亭听一些凡夫俗子的闲聊，能有什么用？对于好友的劝说，蒲松龄只是一笑而过，而好友也只能表示无奈。

妻子也好几次劝蒲松龄不要去草亭，科举也不要去考了，让他安安分分地在私塾教书。

对于这些劝解，蒲松龄都不为所动，他自己还是继续草亭记事。就这样，蒲松龄坚持了四十多年，之后他开始整理创作。据称，他所记录的书稿，一间屋子都堆放不下。将近花甲之年的蒲松龄终于完成了自己的巨作——《聊斋志异》。

【故事小结】

《聊斋志异》这部宏伟的著作，让蒲松龄名垂青史，更是让我们看到了他的毅力。历经四十多年的故事记录、整理、编著，这种持之以恒的心态，是令人赞叹的。

虽然中途有很多人劝说蒲松龄不要再去草亭做那么荒谬的事情了，但是他用最后的成功告诉那些人，他的坚持是有意义的。

在青少年时期，很少有人能分辨目标是否有意义。所以只要周围人给了一个否定的答案，大多数人便会放弃之前的所有努力。

事实上，不到最后，永远都不知道是否成功了。别人的意见，我们不能完全不听，也不能完全听。只有自己坚定了自己的新年，再去听取意见，才不至于半途而废。

坚持是一个人的事，和别人无关，所以在坚持一件自己认定的事情时，请抛开别人的建议，自己用心去思考、去权衡，认真忖度是否应该坚持。毕竟，只有自己做出的决定，才可以自己去负责。而一旦认定了自己的决定，就务必坚持到底。

列宁：再坚持一下就成功了

【名人典范】

列宁，原名为弗拉基米尔·伊里奇·乌里扬诺夫，出生在一个革命世家。父亲是教育活动家，母亲则是一位贤良淑德的女子，他们在孩子的教育上下了苦功。

父母重视教育的态度，对列宁起到了良好的作用。列宁从小就喜爱看书，尤其是一些革命类的书籍，每每读起来让他废寝忘食。

除了父母，给予列宁动力的还有他的兄弟姐妹。他的哥哥因为预谋杀害沙皇而牺牲，这件事在他的脑海里挥之不去，他下定决心要完成哥哥所未完成的革命事业。

而他的妹妹，为了一首曲子苦练好久，直到一个音符都不差为止。妹妹的坚持，列宁看在眼里记在心里，他觉得妹妹这样的品格是值得学习的。所以，列宁做事情不顺的时候，总会想起父母的耐心教导、哥哥的革命精神和妹妹的坚持不懈。这些，在列宁日后的生活和工作中，都给予他不同寻常的力量，督促他一直向前。

对于自己的文章，列宁每每都要修改好几遍，直到自己满意才放心交给老师。他还很喜欢学习语言，这种喜欢并不是三分钟热度。别人都觉得枯燥的学习，却能引起他强烈的兴趣。就这样，他一直坚持着学习其他语种。

后来，列宁在马克思主义思想的指引下，投身革命，继承了他哥哥的事业，为了革命而活，为了战斗而生。

参加了革命，也就意味着与当时的沙皇政府成了死敌，这就注定了列宁以后的生活会颠沛流离。列宁不介意这样的生活，想要赢得胜利，就要付出。列宁早已知道，成功并不是短时间内就可以取得的，也许要花上自己一辈子的时间。

作为革命者，与当时的统治者对立，难免会身处险境。果然，列宁在演讲的时候，被沙皇政府逮捕了，他被关进了一个幽暗的牢房里。

四面的高墙尤其阴冷，只有小天窗透露着一丝微弱的光线，有些阴森恐怖。在这样的环境下，人难免会暴躁、发狂，甚至是忧郁。但是列宁却很平静，他手捧着书专心地看。看完一本，就让家人再送来一本。在被关押时，列宁依旧坚守着他的革命事业。

他看书的时候，写下了很多小纸条，是关于对监狱外革命斗争的指导的。列宁的这一举动，简直就是在老虎面前晃，一旦被发现，后果是不堪设想的。

不过，聪明的列宁想出了一个办法，他把面包捏成“墨水瓶”，用牛奶当作墨汁，在白纸上写字。这样一来，等牛奶干了，就什么痕迹都没有了，而在外面的战友只要用火一烤，就能看到内容。

当然，写字的过程也不能被人发现，所以列宁在写的时候，还要保持高度的警觉，只要一听见声音，就把“墨水瓶”吞下，假装在看书。这个方法，让他躲过了好几次抽查。

在监狱一年零两个月的时间里，列宁都是这样坚持下来的。他时常告诉自己：再坚持一下就能成功了。

出狱后，他依旧为了革命到处奔波，甚至更加活跃。即便遭到“刺杀之举”，列宁也勇敢地坚守着自己的革命事业，从未退缩。

正是有这样的恒久之心，列宁才成了伟大的无产阶级革命家、政治家、思想家和理论家。他坚守着自己的革命事业，继承和发展了马克思主义，形成了列宁主义理论，他被称为“全世界无产阶级和劳动人民的伟大革命领袖”。

【故事小结】

列宁那句“再坚持一下就会成功”，其实隐藏了很大的力量。也正是这句话，才鼓舞着列宁在革命的道路上不断前进、不断坚持。

其实，成功有时候就是一步之遥，而这一步却已经有了几千步、几万步的基础，就看能不能再迈开最后一步。

如果在想要放弃的时候，知道成功离自己如此之近，我们是否还会那么轻易退缩呢？何不想想成功后的喜悦，再坚持一下呢？

有时候坚持并不是孤军奋斗。“坚持”包含很多人的精神，就像列宁的“坚持”包含了父母的期待、哥哥的事业、妹妹的不懈努力一般。

如果坚持久了，累了，想想周围人还在努力，还有一直给自己动力的人，我们可能就不会灰心、不会停歇，因为我们不但不想让自己失望，更不想让他们失望。而再坚持一下，也许一切就会豁然开朗了。

每个人的一生，都不可能会一直布满阴霾，只要勇敢地走下去，不轻易放弃，相信我们必定会见到最美的阳光。

第二辑

贫家出天才

自强不息的布拉格

【名人典范】

英国物理学家威廉·亨利·布拉格，有着令人目眩的成就，可又有谁知道他一路走来的艰辛？在他光鲜的背后，承受了多少痛楚，而布拉格又是怎么熬过来的？这一切鲜为人知。

布拉格出生于一个贫困的家庭，这也注定他的童年不会无忧无虑。看着其他同伴沉浸于父母的爱河里，享受着美好的童年，布拉格当然会很羡慕。

但是他知道，自己的出身是无法选择的，他只能比别人更加努力地生活。布拉格从来都不抱怨家庭、父母给他的一切，他反而很满足地接受，并欣然地品尝着这种贫困的生活。

他常常衣衫褴褛，光着小脚丫，像小乞丐一样，看着其他孩子穿着漂亮的衣服在街边嬉闹。

布拉格的心态很好，并不会因为和其他孩子生活境况不同而觉得不公平。他反而把这样的生活当作激励自己的动力，他时常告诉自己，现在所受的贫穷，将来都会成为成功的积淀。

有一天，布拉格的父亲送给了他一双皮鞋，可惜有点儿大。布拉格却一点也不介意，对父亲说，大鞋子比较实用，可以多穿几年。布拉格手捧着鞋，高兴得像是捡到了金子一样，爱不释手。

原来，这双大皮鞋是父亲的，父亲因为觉得自己愧对孩子，家里穷，实在买不起新皮鞋，便把自己的鞋子给了儿子。

布拉格知道，这是父亲能给自己最大限度的爱了，其实这也是父亲教导他的方式，家里再穷再苦，他也将会是这个家的希望。布拉格的父亲在信中这样写道："……希望再过几年，这双皮鞋穿在你脚上不再大……我抱着这样的希望，你一旦有了成就，我将引以为豪，因为我的儿子是穿着我的鞋子不断努力而成功的。"

父亲的话与那双破旧的大皮鞋，承载了父亲的希望，而布拉格就背负着这个希望，一路走下去。

布拉格在艰苦的家庭环境中，学会了自强不息。这样的品格在他以后的人生中，起到了巨大的作用。

在研究过程中，再艰难的条件，布拉格也咬牙坚持着。在物理领域，自然也有很多有成就者，布拉格就像小时候看着其他孩子的新衣服一样，对此没有一丝的羡慕，有的只是崇拜之心，他希望在不懈的努力下，自己终有一天也有他们那样的成就。

凭着刻苦的努力，布拉格在物理领域渐渐有了成绩。最终，他成为英国著名的物理学家，成为20世纪二三十年代英国公共事务中的风云人物。

【故事小结】

布拉格在生活上很容易满足，而在研究方面却孜孜不倦地追求。因为这样，他才有了日后显赫的成就。正所谓，"顶得住一切压力，才撑得起一切荣誉"。

其实，任何一个人都无法选择自己的出身，贫穷或富贵，似乎都已"注定"。这先天的条件是无法改变的，但是，这一切却可以因为后天努力而发生颠覆。肯努力，贫穷就会变为富贵；而荒废时间，则有可能坐吃山空。

古语曰：天将降大任于斯人也，必先苦其心志，劳其筋骨，饿其体肤……出生在贫穷的家庭，虽然没有富足的童年，没有锦衣玉食的生活，却可以在贫困的生活中磨炼自己的意志，这似乎远比富裕的生活更有意义。

人的一生，会经历很多挫折，只有在挫折中仍保持一颗进取心，不畏艰难，不怕吃苦，方可更加坚强地活着。有些人坚信，上帝在夺走你的什么东西时，必定也在以后加倍地还给你另外一种东西。因此，不管遇到什么磨难，都应该微笑着面对。

在困苦的日子里，要懂得满足，要善于用乐观的心态去面对一切困难。经历过困难后的日子，就像是下过雨的天空，会一片湛蓝，会有彩虹悬挂。

年轻的我们身在校园，或许并没有太多机会触碰真正的社会，可并没有经历过艰难困苦的我们，也一样要养成自强不息的品格，因为这是敦促一个人逐步朝着梦想之路奔去的强劲动力。

伽利略

失学不辍研究

【名人典范】

意大利著名的数学家、物理学家伽利略，是近代历史上实验科学的奠基人。但这样一个优秀、出色之人，其成功的背后也有过一段苦涩的回忆。

伽利略的父亲原本是个贵族，后来家道中落，伽利略出生以后，家境变得更为贫寒。17 岁时，伽利略考上了比萨大学。他勤学好问，凡事都要弄个明白，无论是看什么，都会让他产生一系列的联想。对于想不通的问题，他总会去请教老师，直到弄得一清二楚为止。

一次，伽利略来到比萨城最好的天主教堂，里面富丽堂皇又赋有古典气息的一切，深深地吸引了他。他慢慢地观察着，在寻找自己看不懂的东西。过了一会儿，他突然盯着天花板不动了。是什么吸引了他?

原来，他是在注视天花板上来回摇摆的灯。他按着自己的脉搏数着频率，突然发现这个灯虽然摆动得越来越弱，而且距离也在缩短，但无论怎么变化，每次摆动所用的时间却是一样的。这个意外的发现竟然让伽利略找到了“摆”的规律。

由于伽利略具有这样专注求知的精神， 他的学习成绩一直名列前茅。但不幸的是，因为家里经济的原因，无法供伽利略继续完成学业，所以他大学还没读完就被迫辍学了。

来自生活的窘迫以及生存现状的艰难，并没有摧毁伽利略学习的意志。尽管失学，他也没有因此放弃对自己感兴趣的数学、物理等科目的学习及研究。随后的一段时间里，他一边干零活维持生计，一边利用闲暇时间查找资料，去图书馆借阅书籍，从方方面面充实自己，坚持自学全部未完成的学习科目和自己一直未找到满意答案的一切，他就这样废寝忘食地不懈努力着。

后来，凭借着这份努力，他在数学领域取得了巨大收获，发表了名为《固体重心》的文章，同时发明了"比重秤"。这一发明及理论的产生在当时引起了很大的轰动，伽利略也在一夜之间成为数学界家喻户晓的名人。

由于伽利略取得的卓越成绩，他在 25 岁时，破例被比萨大学聘为数学教授。在日后的岁月中，伽利略仍然坚持着探索和研究，通过实验又揭晓了很多不为人知的数学界及物理界奥秘，这将当时社会的科学发展推向了一个新的层面。

【故事小结】

伽利略之所以能成功，主要是因为他拥有着异于常人的坚持。一个人有着怎样的家庭条件是无法选择的，但一个人是否可以实现理想，就要看他如何对待困境，若能如此，他就能找出继续努力的因由。

伽利略在面临失学这件事情的时候，其实内心也会难过、沮丧和不情愿，但他却能将这些悲痛都化为一种动力，一种不被现实所摧毁理想的意志，他没有放弃他的实验。

人在面对贫穷时，要像倔强的小草一样，虽然外表柔弱，风来则动，风静则止，看似没有自己的追求，而实际上，在人们肆意践踏草坪之后，那些小草依然挺立，甚至看不出曾经被踩过的痕迹。在我们追求理想的路上，也该如此，要有永不言败的精神，要有挣脱环境束缚、创造机遇的信心，如此一来，纵然身处贫家，也一样可以成才。

贫困其实是一种挑战，它在很多方面都考验着我们的意志力，磨炼着我们坚强的内心，更不断地激发了我们的奋斗力。一个人想要成功，意志力、坚强的内心以及奋斗力哪一个都是必不可少的，而贫穷就在生活的细节中教会了我们拥有这样的能力。因此，有很多名人成名前都会有这样或那样的艰难经历，这样才能让他们成长，让他们读懂生活，明白在生活中自己想要的到底是什么。也只有明确了自己的内心所想之后，才会更快地奔向成功。

安徒生

清贫一生搞创作

【名人典范】

1805 年，在丹麦奥登斯市的一个贫民窟中，一位穷苦作家诞生了，他就是安徒生。安徒生的父亲是个鞋匠，终日修鞋，他依靠着这门手艺维持着整个家庭的开支。

11 岁时，安徒生的父亲因病离世，而此时安徒生的母亲为了自己的未来选择了改嫁，留下幼小的安徒生一人漂泊在世间。为了生存，年幼的他不得不四处当学徒。由于生活所迫，他基本上没受过任何完整的教育，但他做过很多行业的学徒，故此积累了诸多宝贵经验。

安徒生 14 岁时来到了哥本哈根，他在剧院当演员。慢慢地，他爱上了这个职业。可天意弄人，初出茅庐的他因为每日卖力地演出，没有用心保护自己的声带，导致失声，剧院居然狠心地辞退了他。

被剧院辞退以后，安徒生感到非常沮丧，几度迷失自己。后来在朋友的建议下，他开始尝试着自己写剧本，由此便拉开了他写作生涯的帷幕。

他同情和他一样穷苦的人，并从不同的侧面了解到很多只属于穷苦人民的艰难生活。他发誓，终有一天，要把这一切生活的真相都写出来，以另一种形式予以表达，以此来抚平穷苦人的哀伤，为他们带去生存的希望。

可是万事开头难。安徒生刚开始写的东西与可以演出的剧本格格不入，所以没有人愿意接受他写的东西，几次投稿，几次被拒绝。但是，他从未放弃过自己的理想，始终坚持着。直到他遇见了改变他命运的约纳斯•科林，这位导演十分赏识安徒生永不言弃的精神和孜孜不倦的努力，愿意资助他读完中学和大学。就这样，安徒生意外地受到了系统的教育，为此他的作品才得以问世。

1829 年，还在哥本哈根大学就读的他，发表了第一部属于他的重要作品——《1828 和 1829 年从霍尔门运河至阿迈厄岛东角步行记》，这一作品的诞生，让安徒生受到了大家的认可。虽然稿酬非常微薄，但足以鼓舞他的斗志。

至此，安徒生走上了清贫创作的旅途，不仅写出了更多脍炙人口的喜剧剧本，还写出了鼓舞一代又一代对生活充满希望的童话故事，最终他完成了自己的梦想，成为人们心中永恒的童话大师。

【故事小结】

安徒生用他的一生清贫，讲述了逆境成才的道理，他自幼失去了父母双亲的关爱，一个人在世间奋力打拼，通过自己的不懈努力，他终于找到了梦想之所在。起初写的剧本屡屡被退回，相信他也曾怀疑过自己的能力，但坚韧不拔的冲劲儿促使他坚持着。终于，他遇到了属于自己生命的奇迹，一个资助他成才的贵人让他有了继续深造的机会，这看似偶然的幸运，实则是安徒生刻苦努力的精神所感染别人的必然。

成功、成才是每一个人的愿望，但很多人都会为自己找各种各样的客观理由。现在很多衣食无忧、饭来张口的青少年，已经在优越的生活中失去了能促使自己走向成功所需的宝贵品格。他们似乎已经忘却了奋进的意义，面对每次成绩的不如意，他们或许都会找各种客观的借口，认为是父母没有为自己找好老师，或是家庭条件所限，没有参加更多的课外培训，导致成绩一落千丈。他们从不会从自身找原因，而实际上，当读到安徒生的故事再联想一下自己时，也许一切的答案都会浮出水面了。

贫困的生活不可怕，可怕的是自我放弃，只要肯追求，也许困境只会成为后天成才的奠基石，而不是眼下的阻碍。

纵观千年，举凡有志之士几乎都经历过生活的瓶颈，但他们却可以利用困境激发自己的潜能，而后有一番作为，这就是贫穷赐予我们的人生真谛。

因此，不要抱怨生活的不平等，不要让它成为束缚我们的绳索，有效地将贫困的点滴拾起，让它助我们成长，带着这种力量张开翅膀飞过暴风雨，你将收获前所未有的美好人生！

陈平

忍辱读书

【名人典范】

陈平是我国西汉时期著名的政治家，自幼父母离世，跟兄嫂一起生活，吃尽了苦头，但是由于兄长的一再呵护，他才终有出头之日。

提起陈平的成功之路，还有一段发人深省的故事。

陈平小的时候就酷爱读书，只可惜父母过世得早，兄嫂无法提供给他更好的学习环境。

为了让他出人头地，兄长要求陈平闭门读书，不用操持家务。可好事多磨，陈平每次全神贯注地学习时，嫂子都会以尖酸刻薄的态度百般刁难。

一次，陈平在院子里苦读诗书，正读得津津有味时，被狠心的嫂子看到了。她就认为陈平是吃白饭的，不劳而获，看见他就气不打一处来，于是就拿出自己刚吃过的胡桃核拼命地向他扔去。几次没打到，她十分气愤，就在院子里撵着陈平不停地扔胡桃核，打到满意为止。

陈平满腹委屈，无处诉苦，无奈之下只好卷起自己的书跑到地里与兄长一起干活儿。兄长看到陈平来帮忙，劝他回去，可他执意不肯，兄长看出了陈平的委屈，要回去找自己的妻子算账。懂事的陈平安慰兄长说和嫂子无关，是自己无心再去读书。

兄长见状，安慰陈平无论怎样艰难都要坚持读下去，这样才能给父母争光，光耀门楣。陈平点头答应了。

傍晚收工之后，兄长带着陈平回到了家中，质问妻子是不是刁难了陈平。妻子见此状，不但不承认自己的行为，还大言不惭地说自己对陈平比对自己父亲还要好。妻子这么说，兄长也没有证据，也就不再理会了。

因为答应了兄长要好好读书，陈平更加用功起来，他利用全部可以利用的时间博览群书。而嫂子对陈平的态度不但没有收敛，还越发地变本加厉，当陈平兄长不在的时候，不仅逼迫陈平干更多的家务，还特意在他推磨的时候把家中难磨的黄豆拿给他磨；在他生火的时候还故意把柴火弄湿让他烧，这让陈平受尽折磨。邻居们看到幼小的陈平受尽委屈，不由得在兄长面前替陈平申冤，可惜每次嫂子都以各种借口否认。

直到后来发生的一件事才让陈平的读书之路变得平坦了。那天，在陈平干家务的时候，嫂子趁陈平不注意，将他阅读的书全部丢到了火炉里烧掉。陈平看到时嫂子还说："读几年你也不能出头，还不如烧火来得快。"

书被烧了，陈平伤心至极，如同失去了生命的支柱一样，难过、沮丧之感涌上心头。终于，他忍无可忍，拿着行李来到了父母的坟前，哭诉了一切之后，转身离开了兄嫂家。

兄长得知后，不顾一切地找回了陈平，还发誓要休妻供弟弟读书。陈平不忍看着兄嫂因自己伤了和气，故百般劝阻，最终使得兄长放弃了休妻的念头。这件事传开后，陈平的度量和品格成了一段佳话，流传于民间。

几日后，有一位好心的教书先生听了陈平的故事后慕名而来，说要收下这个懂事的学生，并且不收任何学费。就这样，陈平有了读书机会。

随着知识的累积和修为沉淀，陈平最终考取了功名，成为一代杰出的政治家。

【故事小结】

陈平在嫂子的嫌弃与刁难下不顾一切地努力学习，这表现出的不仅是他超于常人的度量，还有他坚韧不拔的精神。贫穷的生活让陈平不得不寄人篱下，忍辱负重地读书，但那段艰难的求学之路，却成了激励他的良药，让他摆脱了逆境，勇攀高峰，终而成为一代杰出的志士。

联想一下身为青少年的我们所处的环境，我们会不会感到万分的羞愧？在这个科技飞速发展的时代，读书早已不再那么困难。可这么优越的条件摆在我们面前，又有多少人真正做到了珍惜？富裕的生活代表了时代巨轮滚滚向前的速度，但不要让那些良好的品格随之而逝。

其实，生活处处充满了不同的挑战，贫穷的人，因为早就饱受了生活的苦难，所以才拼命地挣脱困境。逆水行舟自然不易，但是只要能坚持走过成功途中必然经历的黑暗地带，还有什么是不可战胜的呢？

因此，逆境也好，顺境也罢，无论处于哪一种环境，都要具备追梦的条件，挺直腰杆，迎难而上，突破障碍，达成梦想，才能实现生命的价值。

贫穷中成长的法拉第

【名人典范】

法拉第是英国著名的物理学家、化学家，然而却没有人知道，这样一个世界伟人年少时经历了怎样的磨难。

法拉第的父亲是一个铁匠，每月的收入少得可怜，因此他们一家只能一直居住在贫民窟。为了摆脱贫穷的现状，法拉第的父亲在法拉第5岁的时候便带着全家人移居伦敦，希望可以开始新的生活。可惜事与愿违，到了那里之后，父亲不仅没有改变家庭生存的现状，还经常患病，这样一来，更让这个原本就困难的家庭雪上加霜了。无奈之下，法拉第的母亲和哥哥必须外出工作维持一家人的生活。

后来，在法拉第母亲和哥哥的共同努力下，一家人的生活才有了些许转机，这使得到了上学年龄的法拉第才有机会顺利进入学校。

法拉第上学以后，由于口吃而发音不准，经常被老师和同学们嘲笑。一次，老师一直在为法拉第矫正发音，可越是紧张他就越无法准确发音。老师一气之下，拿起教鞭打了他一顿。法拉第的母亲知道后十分气愤，她担心儿子因害怕挨打就此不再上学。

不幸又一次来到这一家。法拉第9岁的时候，无情的病魔夺去了父亲的生命，年幼的法拉第为了生存不得不去当学徒。12岁时，渐渐长大的他当起了报童。也正是这一次历练，带给了法拉第学习的机会。他除了走街串巷地卖报以外，还会利用所有闲散的时间阅读报刊的内容，一点一滴地学习知识，他慢慢地积累了大量社会经验和报刊知识。

随着时间的推移，法拉第又陆续在工厂、书店等处打工。在书店打工期间，他阅读了大量书籍，认识了很多文字，有看不懂的地方就反复揣摩，再想不通就直接去请教那些前来买书的好心人。在书店，他读完了所有名著，还接触了数、理、化等多门课程。

一个偶然的机会，法拉第得到了一本朋友送来的名叫《化学对话》的书，这本书彻底开启了法拉第的实验热情。他无论在书中读到什么，都会想办法自己动手去亲自实验，这样一来，法拉第休息的阁楼就成了他自己的私人实验室。在那里，他倾注了少年时的梦想和探索自然奥妙的希望。

邻居们经常会听到法拉第做实验产生的叮叮当当的声音，有时还会伴随着一些爆炸的声音，这使得邻居们心惊胆战，他们以为这个孩子疯了，就跑去告诉他的老板。老板问清楚之后，不但没有责备法拉第，还鼓励他坚持下去，这使得法拉第很受感动。

此后，法拉第彻底开始了他的实验生涯，最终发明了人类历史上第一部发电机和电动机，他本人也成为令人敬仰的伟大的科学家。

【故事小结】

法拉第由于家庭的贫困和种种外界的原因，只上了几天学就与校园生活永别了，可谁能想到，后天自学成才的他会成为那么卓越的人才。困苦的生活没有让法拉第遗失追梦的本能，反而让他对学习生活充满了向往，更加脚踏实地走稳每一步。

贫困的家庭生活本就该赋予我们踏实稳健的品质，可很多处于贫困之中的青少年还不能正确地认识贫困，更不会向贫困的生活说“感恩”。

他们不仅自卑，还总预言自己只会一事无成，继而自甘堕落，想想这是多么可悲的事情啊。

其实，贫困的家庭生活是每一个身临其中的人都无法选择的事实，就像无法选择父母一样，但是我们每个人却可以通过自己的不懈努力来弥补生活先天的不足，让日后的自己变得坚不可摧。

“自古雄才多磨难”，正视贫寒，不要逃避，才能超越自我，创造奇迹。人生的挫折比比皆是，短暂的贫困只是人生的插曲，不要向困境低头，即使失败也要坚持。

人生短短几十载，如果不甘心平庸地活，就要活出自己彩虹般的精彩，走出逆境，走过挫折，走过荆棘与坎坷。当你成功之后，再回望走过的路时，会为自己往日的拼搏进取而感到欣慰和自豪。

贫困是礼物，患难是恩典，奋发是祝福，笑对困境才能走出绝境。

嚼辣椒

驱寒的鲁迅

【名人典范】

鲁迅是我国著名的文学家，他用一生的时间完成了多部耐人寻味的优秀作品，让人们诵读至今。

鲁迅小的时候就非常热爱读书，父母为了让自己的儿子接受教育，即使在比较困难的生活条件下，还是坚持把他送到了私塾。

13 岁的时候，鲁迅的父亲患了重病，长期卧床，从那以后鲁迅每天都要往返于药店、当铺和学堂，过着三点一线的生活。由于父亲的重病，母亲已经差他当掉了家里所有值钱的东西，再这样下去恐怕就要挨饿了。无奈之下，母亲只好带着鲁迅的姐姐一起外出务工，而家庭的琐碎之事就全交给鲁迅去处理。

从那时候起，鲁迅除了去私塾读书以外，还要腾出大把时间料理家务，照顾父亲和弟弟，留给自己的学习时间少之又少。他只能在每天天还没亮之时就起床温习功课，晚上一直要读书到深夜才能把所学的知识巩固一下。尽管鲁迅的学习环境非常恶劣，但他的成绩始终排在第一位。

到了 17 岁的时候，鲁迅由于成绩优异，被江南水师学堂免费录取。在江南水师学堂学习的第一学期，鲁迅的成绩便脱颖而出，高居榜首。能在这样优秀者云集的地方出类拔萃，实在难得，为此，学校奖励给他一枚金质奖章。

让人意想不到的是，鲁迅居然把奖章当掉了，他把换来的钱全部买了参考书和辣椒。辣椒？鲁迅买它做什么呢？

后来大家才知道，原来在江南水师学堂读书期间，鲁迅由于家中没有更多的钱为他增添衣物，加上江南湿气过重，所以每到半夜天寒风起的时候，为了驱赶风寒，他总是用咀嚼辣椒的办法为自己增加热量，驱寒除湿，直到辣得满头是汗才罢休。之后，再回到书桌前继续学习。

就这样，鲁迅在各种艰难困苦的环境下始终坚持学习，最后成为我国杰出的文学家。

【故事小结】

鲁迅的幼年是贫寒的，读书只能利用忙完家务之余，他用吃辣椒来驱寒，家境的限制，令其不能为自己买更多御寒之物，故而为了坚持读书，就只能出此下策。也正因为有了这样不畏艰辛的精神，才成就了日后的他。

有这样一句话："不经一番寒彻骨，怎得梅花扑鼻香。"但成功却不会因某个家庭的贫寒而拒绝降临，更不会因是富贵之家而频频降临，只要一个人足够坚强，能吃得了苦，那么他一样可以获得这种可助人走向成功的因素。

山路的笔直源自人类的行走，海纳百川是雨滴的汇集，土壤的肥沃是泥沙的累积，贫家成才，靠的就是突破自我的灵魂。

不要充满哀怨地生活，要在贫困的家庭中找出自身价值的所在。每个人都是上天眼中的宝贝，大自然在每一个不同个体中都蕴含着独特之处，就看你怎么去挖掘自己的能力。将困境握在手中，让它成为滋润心灵的雨露，我们的未来必将一片豁然。

范仲淹

划粥断齑

【名人典范】

范仲淹是我国北宋时期著名的政治家，他两岁的时候父亲因重病不幸离世，母亲无奈之下只好改嫁，带着幼小的他一起来到朱家生活。而朱家的生活也很拮据，无法供范仲淹去私塾读书，不过，范仲淹自幼志向远大，且又酷爱读书，于是他开始了“半工半读”的生活。

一开始，范仲淹先是来到离家很近的一座寺院，请求住持收留他在此干些杂零活儿，条件就是允许他在寺院里借读一些藏书。住持看着范仲淹如此苦心求学的样子，不忍拒绝，便将他留在了寺院。

范仲淹每天天不亮就来到寺院帮忙，而每天吃的饭菜也都要从家中自带。只是，由于家中贫寒，每天只能带些粥和咸菜填饱肚子，而每次也只有一碗粥罢了。为了保证不让饥饿影响自己的学习，他每次都要等粥凝固后，将粥分为四份，早晚各两份，这样一来，就可以在不同的时间段充饥了。而后还会把已经切碎了的酱菜或腌菜再做分割，分成更小的份来就着粥吃。

划好粥，干完寺院的活儿以后，范仲淹就会找一个安静的地方坐下来，专心苦读。

时光飞逝，一晃三年过去了，范仲淹早已将寺院的藏书倒背如流。他开始了万里求学的生活，他想有朝一日一定要学出个成绩，有了能力再把母亲接回去。

当时，范仲淹听说应天府书院藏书甚多，不仅不收学费，且还是英才聚集的宝地，只要考试合格都可留下来学习。经过几番思量，范仲淹毅然来到了应天府书院，而他也顺利地通过了考试。

在应天府求学阶段，学府提供的饮食依然多以粥为主，很多官宦家的孩子因为家境良好从来都自备美味佳肴。而范仲淹也依然只能吃学府的粥度日，因为喝粥早已成了习惯，所以他从未觉得这是件痛苦的事情。每天，他依然按部就班地打一份粥，分成四份，之后就把其余的时间全部用于埋头苦读。

一天，一个官宦子弟看见范仲淹划粥，内心十分感动。第二天，他从家中特意带了两份美味佳肴，其中一份送给范仲淹。可是，当范仲淹看到后，却婉言谢绝了，他说："我已经习惯喝粥了，而且这样也可以让我不时地提醒自己，激发我奋发的斗志，要是吃了你给我的佳肴，或许这平淡无味的稀粥就再也喝不惯了，那样我会过早地丧失斗志的。"

听了范仲淹的一席话，这位官宦子弟对其更为敬佩了，他觉得这样有志气的范仲淹终有一日会成大器。

果然如此，范仲淹通过了科举考试，一举成名，成为朝廷中的大臣。多年之后，他还成为家喻户晓的"先天下之忧而忧，后天之乐而乐"的一代名臣。

【故事小结】

范仲淹划粥断齑，为自己的未来而苦其心志，虽然家庭的特殊和贫寒带给了年幼的他无穷的打击，但是他并没有因出身的卑微而失去远大的志向，相反，这样贫苦的生活更加激发了他苦心读书的热忱。加之他极具毅力，且能持之以恒，才有了日后的成就。

古往今来哪个有成就之人是一帆风顺的呢？如果贫苦的环境是阻碍一个人成功的决定性因素，那么这个世界上自然没有那么多功成名就者了。

我们周围多数青少年的境况，或者我们自身，可能就让人唏嘘不已。我们几乎都是家中长辈们簇拥的宝贝儿，从小父母就在不断地培养我们读书的兴趣和爱好，有的时候甚至经常以昂贵的奖品来激发我们的学习热情，可往往结果并不理想。想想范仲淹，再想想自己，我们怎么对得起父母的殷切希望呢？

很多时候事实就是如此，安逸的生活会让人变得越来越消极，因为无忧，我们才不会体会到生活的艰辛，也因为这样，很多人根本就不知道自己为什么奋斗，又为什么学习，家境的良好只能让这样的人随遇而安，继而使得他们失去了宝贵的自我发展机会。

其实，人生短短几十年，正值青春的我们的读书机会少之又少，那短暂的光阴稍纵即逝，无论父母给你多么优越的生活，那都不代表你可以始终拥有，毕竟那不是来自于你自己的努力获取的。一个有志向的人，不该沉溺于优越的家境中而不去为自己的未来奋斗，努力不是为别人，而是为自己有一个辉煌的未来。因此，如果真的是安逸的生活夺走了你的梦想，那么不如效仿一下范仲淹，尝一下生活的艰辛，也许从此你便可以为自己树立人生的奋斗目标，进而收获一个不一样的崭新自我。为了理想而奋斗，才是有志少年该有的品格。

凿壁偷光的匡衡

【名人典范】

匡衡是我国西汉时期的丞相，祖祖辈辈都是穷苦的农民。穷困潦倒的家庭生活，让匡衡失去了正常接受教育的机会。他不能像其他富裕人家的孩子一样，坐在私塾中听老师讲解诗文，也不能像他们一样有良好的读书环境，甚至家里穷得连灯油都买不起。

尽管生活如此不尽如人意，可这种现实仍然没能打消匡衡的求知欲望。匡衡对书本情有独钟，每每看到其他同龄的孩子读书时，都忍不住多看几眼。当匡衡长大一点之后，更觉得只有读书才能改变祖祖辈辈贫穷的现状，为此他痛下决心，无论怎样艰难都要为自己赢得一个读书的机会。

一天，匡衡听说同乡有一个富翁家中藏书胜似一个书院，听到这样的消息之后，匡衡似乎看到了希望。他想的是，如果自己可以留在富翁家做工，而不要任何报酬，以此来获取读书的机会，这将会是人生中的一大快事。于是，第二天他就来到了这位富翁的家中，并且和富翁说明了来意。富翁听了之后，被这个孩子真诚的求知欲望折服了，同意了匡衡的要求。

匡衡为自己赢得了读书的机会。不过可惜的是，匡衡每天仅是做工，就要花去大部分时间，等回到家中时，都是几近黄昏，坐在院子里读书的时间少之又少。因此，匡衡只能利用晚上把看完的内容反复地在脑海中复习，加以巩固。早晨天一亮，就得起床早读。尽管这样用功，但因为时间的局限，读书的速度仍然很慢，这让匡衡十分着急，他每天都祈祷着天能慢点暗下来。

有一天，匡衡躺在床上背白天读过的书。背着背着，突然看到东边的墙壁上透过来一线亮光。原来从壁缝里透过来的是邻居的灯光。于是，匡衡想了一个办法：他拿了一把小刀，把墙缝挖大了一些。这样，透过来的光亮也大了，他就凑着透进来的灯光，读起书来。

几年的时间过去了，匡衡读完了富翁家的全部书籍，成为了一个有学问的人。

匡衡就是这样刻苦学习，勤俭节约，后来考取了功名，实现了自己的理想。

【故事小结】

匡衡由于家境的贫穷而失去了本该顺利求学的机会，几经周折，才有幸在富翁家以打工换取读书的机会，他没有因家境贫寒不能读书而自暴自弃，相反，他始终如一地在为自己寻找着读书的机会，这就是他超于常人终获成功的原因。

一个家庭的贫寒，无法抹杀一个人求知的欲望，这一切都在于一个人自身的意志是否坚强，而这种强烈的求知欲就是促成成功的不可或缺的品格之一。

家庭条件的好坏决定不了一个人是否可以实现自己的梦想，很多人会因为自己家境的贫困而失去追求梦想的勇气和执着，总觉得自己比别人少了些什么，因而不敢面对自己的未来，也不知道该怎么去选择或是努力。

其实，这样的人缺少的不是一个富裕的家庭，而是作为一个有志之人本该有的追梦热情。生活中的艰辛在所难免，所有的一切都无法预料，但如果我们可以用矢志不渝的精神突破环境带来的危机，那么实现心中所想，又怎能是天方夜谭呢？

第三辑

自信者天助

小泽征尔

意外夺魁

【名人典范】

小泽征尔是现代著名指挥家，曾被誉为“世界三大东方指挥家”之一的他，在很小的时候就对音乐产生了异于常人的热爱，他儿时最大的理想就是当个钢琴家。

7岁时，他开始拜师，系统地学习钢琴。凭借自己的刻苦努力，他顺利地考上东京桐朋学院音乐系。在一次观赏纳尼德·克劳维茨指挥的世界巡演后，他颇感震撼，决心成为一名出色的指挥家。至此，小泽征尔开始了他的指挥旅程。

16岁开始从作曲专业改学指挥，并不是件容易的事情，但充满自信的小泽征尔总是会告诉自己，只要相信，就没有什么是不可能的。他为自己找到了日本当时最好的指挥家斋藤秀雄，拜求于他的门下刻苦学习。

凭借着自己对音乐的那份痴迷和热爱，他疯狂地投身于指挥的学习中去。通过夜以继日的不懈练习，用了9年的时间，他终于学会了斋藤秀雄所传授的全部指挥知识和技能。为了能向成功靠近，他开始出席各种演出，参加各种比赛，这为其成功之路做了良好的铺垫。促成他成功的机遇，也就在那时悄悄地降临了。

1959年，小泽征尔参加了一次国际指挥大赛，并且顺利地进入了决赛。决赛当天，他被定为最后一个出场。看着之前的选手出色的指挥表演，小泽征尔感到了些许担忧，但他没有畏惧，而是不断鼓舞自己。

轮到他上台表演时，只见他从容地走到台前，先是向评委老师们深深地鞠了一躬，紧接着自信地接过了评委手中预留给他的考试乐章——莫扎特的交响曲，他相信自己一定可以顺利通过考核。他走到指挥台前，示意乐队可以开始演奏。

然而，就在演奏的过程中，问题出现了。小泽征尔觉得似乎哪里非常不和谐，开始以为是乐队人员演奏出了问题，于是要求乐队重新再来一遍，可是第二次演奏听起来还和之前的一模一样，有种说不出的“不顺”。无奈之下，他只好问乐队的人是不是看错了乐谱。但是，乐队的人肯定地回答，全部都是按照乐谱在演奏，没有问题。

小泽征尔思考片刻后，认为一定是乐谱出了问题。起初，评委还在反问他：“你确定是乐谱出了问题吗？我们是不会有这样的疏忽的。”但是，来自评委权威人士的否决并没有动摇小泽征尔的判断，他坚定地说：“我相信我的判断，一定是乐谱的问题。”

稍过片刻，让小泽征尔感到意外的是，他没有继续听到来自评委的指责，而是雷鸣般的掌声。这时，评委们才告诉他，这是比赛特意为了考验选手对指挥乐章的判断力而设计的“圈套”，就这样，小泽征尔凭借自己的自信和能力，征服了在场所有的评委，顺利地通过了大赛的考核，也意外地拿到了这次比赛的桂冠。

小泽征尔一夜成名，他的故事也变成了一个传奇，震惊了乐坛，他用自己自信的判断赢得了梦寐以求的成功。也因为这一次成功，他为自己赢得了指挥家们的赏识，得到了去美国深造的邀请，这为他日后的指挥事业书写了完美的序章。

【故事小结】

小泽征尔能取得如此辉煌的成绩，与他超强的自信是分不开的，因为有了这样一份自信，他才有勇气在16岁的时候改学指挥专业，才能在大赛中坚定自己的判断，毫不畏惧地肯定自己的指挥能力，也因此荣获了那意外的殊荣。

自信，其实就是一种自我肯定。一个人想要成功，想要实现理想，首先要具备的就是自信，如果自己都不相信自己，那谁又会相信你？谁又能觉得你会成功呢？

自信，往往也是一种力量，有了它的帮助，我们才能更好地去发掘自身的价值所在，也因为这样，才可能将自己梦想的一切坚持完成。有些人会认为，自信是一种张扬，过于自信会让自己的人格变得扭曲而倔强，因此把自信全部隐藏起来，就是谦虚的表现，只有这样才能让成功之路越来越顺。

显然，这样的观点并不正确。如果没有自信，一味地谦虚，就会让自己变成一棵可悲的“墙头草”。在这个过程中，我们会渐渐迷失自己，也会丢失最可贵的自信，更会因此失去成功必不可少的前提条件。

在我们的求学生活中，很多本该有的自信都被家长或暂时还并不完善的教学方式打压了，除了每天重复着完成各式各样的作业以外，就是按部就班地复习。我们总是在被动地学习很多知识，也是因为这样老套的方式，让我们厌倦了学习，放松了理想。在那种固有的模式捆绑下，我们渐渐地失去了本该有的自信。

其实，自信是需要我们自己去寻找和培养的。即便是在各种外界带给我们不便的条件下，也一样可以找到自信的所在。就像上课的时候老师给大家出的函数求解题一样，也许很多人因为错误的理解计算出的结果都是一致的错误，而那一个唯一计算正确的人，如果能不被周围人的结果而影响，坚持相信自己的计算，他就会得到老师的夸奖。这就是生活中我们不被打压的自信。如果我们能把这份固有的自信坚持发扬下去，也许我们也一样会赢得意外的成功。

有时候，我们总是在拒绝自信，或者说是在惧怕自信，总是觉得万一我们的观点是错误的，说出来只会让人嘲笑。也是因为有了这样的心态，才会造成成功渐行渐远。

不要因为害怕失败或是羞怯而不自信，因为没有谁规定自己坚持的答案一定都是正确的，如果错误我们可以改正，可以重来，但绝不可失去自信的品质，一旦失去很难再拾。因此要敢于接受失败，不要恐惧后果，唯有此，方能勇敢地应用自信带来的潜能，才能看到成功前方进射出的希望之光。

罗曼·罗兰曾经说过："先相信自己，然后别人才会相信你。"由此可见，自信对于我们而言是多么重要。自信就像是含苞待放的花蕾，等待着雨露的开启，当你学会相信自己的时候，成功的大门就会向你敞开了。

居里夫人
两获诺贝尔奖

【名人典范】

世界著名的化学家、物理学家居里夫人，是杰出的女性代表，是两次诺贝尔奖获得者。她先后证实了钋和镭这两种化学元素的存在，为人类的放射性化学事业做出了巨大贡献。

居里夫人是家里最小的女孩子，还不到10岁的时候，母亲和大姐就相继离开了她，所有艰难和困苦填满了她童年的记忆。也许正是这样特殊的人生经历，才造就了她顽强、独立、自信、拼搏的良好品质。这些优良的品质，也为她的成功奠定了坚实的基础。

儿时的居里夫人，对学习充满了浓厚的兴趣。她的父亲就是一位物理学教授，经常在工作之余带她参观各种不同的仪器，这便引发了她对科学的好奇。她急切地盼望长大，期待知识的累积。

15岁以后，她开始阅读更多有关自然和科学方面的书籍，这些书籍给她带来了无穷的力量。对于书中描写的还未被发现的秘密，她总是想自己试着去进一步探索。不巧的是，到了她该上大学的时候，家里的经济条件再次陷入窘境，无力供她。居里夫人为了心中的梦想，以及对自己探索科学的信念，毅然决然地选择了半工半读。她相信，只要自己努力，就可以走出困境。在她心里，一直有着一个打算：只要上了理想中的大学，就能与自己的理想更近一步。就这样，她凭借着信心和不屈不挠的精神读完了大学。

毕业后，她结识了皮埃尔·居里，当时他是一个物理学家。结婚后，她与皮埃尔·居里一同开始了研究工作。在贝克勒尔发现了“铀射线”之后，居里夫人猜想一定有一种力量，或者说是另一种物质在支持着这种射线放出，为了证实自己的猜想，她开始了她的实验。

由于当时的环境和条件的限制，居里夫妇只能在一个潮湿简陋的房间进行实验，那个所谓的实验室，冬天寒冷刺骨，夏天酷热难耐，整个实验室就像蒸笼一样，让人无法呼吸。

不过，为了心中的理想，她依然坚持着。夫妇两人搜集了大量的资料，然后对各种矿物质进行研究，最后发现沥青铀矿中含有的放射性物质最强。最终，经过居里夫妇的共同研究，不懈地钻研提炼，他们提炼出了一种比铀和钍强400倍的物质。居里夫人断定，这就是另一种不为人知的新元素，也就是我们现在俗称的“钋”。

这一发现，证实了“钋”的存在，也肯定了居里夫人的猜测。她这一次自信的猜测，也为她赢得了第一个诺贝尔奖。

“钋”被发现以后，居里夫人并没有安于现状，她总是觉得这种元素还不是放射性物质中最强的，一定还有一种物质未被发现，因此她再一次投入到研究之中。为了节省开支，她只能从大量的矿物残渣中去提炼这种物质，每天都要把矿物残渣放在熔炉里搅拌。浓重的化学物质气味扑鼻且呛人，而每次提炼只能在这些物质中得到很少的微量元素。

就这样，几年时间过去了，实验还是没有任何进展，很多人都劝居里夫人放弃研究，但是她不肯放弃，她坚信自己的猜测，不得到想要的答案誓不罢休。

终于，经过了上万次的实验之后，这种比任何放射性物质都强的新元素被发现了，居里夫人喜出望外地向世人证明了这种新元素的存在，这种新元素就是“镭”。

居里夫人这又一震惊世界的发现，再次使她获得了诺贝尔奖，而她的自信和坚持，亦是赢得了世界人民的瞩目，她成了至今仍值得我们学习的楷模。

【故事小结】

居里夫人用全部的信心证明了心中的猜测，历尽千辛万苦，终于找到了两种存在着的新元素，把人类社会的科学事业推向了另一个高峰。

自信，是每个人走向成功的必胜武器，而这种武器却被人们渐渐地遗忘、丢失。很多人都因为不够自信才不敢向成功迈出第一步，总是顾虑重重，对自己的追求和梦想持有怀疑态度，也因为这样的畏首畏尾，而搁浅了成功的梦想。

你可曾想过，古今中外，哪一个名人不是自信的？因为自信，诸葛亮才会料事如神；因为自信，巴尔扎克才会完成巨著《人间喜剧》；也因为自信，才有了愚公移山的典故。

一个人想有所作为，首先要为自己确立一个明确的目标，有了目标，就要用足够的自信去挑战一切困难。就像居里夫人一样，因为在她内心深处对未来的新元素存在之说深信不疑，所以她对自己的实验满怀信心，才能在那么恶劣的条件下坚持走到最后，实现理想。

我们也应该学会运用我们的自信，让它成为一个心中永恒的标杆，在你懦弱、不敢前行、对自己的理想产生怀疑时，借助它的力量，重塑希望。

一个人的自信并不是狂妄自大，也不是骄傲自满，自信就像一种平实的语言，它的存在会在每一个生活的细节中得以体现，只要稍加留意就会发现，它总会在不知不觉间鞭策着你前行，带给你绝处逢生的希望。

作为新时代的青少年，更应该具有强烈的自信心，无论是面对生活还是理想，要相信自己选择的梦想，告诉自己“我是最棒的”，继而用自信扫清一切艰难的困境，如此，才能向心中的成功之路进军。当我们有了更强的自信时，相信辉煌就会慢慢靠近我们了。

林巧稚

巾帼不让须眉

【名人典范】

林巧稚很小的时候，母亲就因患宫颈癌离开人世。失去母亲给林巧稚沉重的打击，从那时起，她就在心里暗暗发誓，长大后一定要当一名医生，她要用自己的力量去挽救每一个生命。

1908 年，林巧稚上了小学，由于她勤奋好学，刻苦努力，成绩一直非常优异。她顺利地读完了小学、中学，后又升入鼓浪屿高等女子师范学校就读。在师范学校的时候，一次手工课上，老师看到林巧稚编织的东西非常精美，就夸奖她说:“这手真巧，要是能当个医生就能更好地利用上了。”老师不经意间的一句话，却再次肯定了林巧稚的从医梦，也为她想要成为一名优秀的外科医生增添了信心。

1921 年，林巧稚考上了北京协和医学院，因为成绩突出，于 1929 年顺利毕业，拿到了博士学位，并且成为我国第一位留在北京协和医院工作的妇产科医生。

作为唯一一个留院的女医生，她并不比任何男医生差，甚至付出的努力比他们还多。从业之初，她一直本着救死扶伤的原则，每天夜以继日地埋头工作。对待患者胜似亲人，有求必应，得到了患者的一致好评，也为自己赢得了去伦敦医学院和曼彻斯特医学院进修的机会。

进修期间，她还去了维也纳医学院考察实习，为自己积累了大量妇科医学经验。回国后，她把这些学到的知识和先进的技术全部运用在临床中，为患者抚平了病痛的创伤，为家庭带去了母子平安的喜讯。她用自己的实际行动，一点点地实现着自己年少时的梦想。

1939年，林巧稚接到了芝加哥医学院的邀请，赴美继续学习。1940年学成归来后，她被任命为中国首位妇科主任。这一提升，也为当时的中国女性争了光，为她的事业再次增添了光彩。

林巧稚始终相信，只要不懈地追求，是没有什么不可能实现的，即便在困苦的条件下，只要坚持为医学事业付出，就可以挽救更多的生命。为了这样的信念，她始终孜孜不倦地付出着。

后来，由于太平洋战争的爆发，北京协和医院被迫关门。林巧稚并没有因为自己所在的单位停工而让自己的事业停滞。在此期间，她开办了私人诊所，每天背着自己的出诊箱四处奔波。有时候遇到了一些穷苦同胞，她就会免除医药费为其医治。她从来不会因为拿不到报酬而应付了事，无论面临何种情况，她都兢兢业业、一丝不苟。

她的所作所为患者们都看在眼里、感动在心，感激的话语溢于言表。直到抗日战争爆发，北京协和医院再次恢复正常工作，林巧稚回到久违的、无比热爱的工作岗位。在国人危难的时刻，她想到的是要与她的事业共存。她想只要坚守岗位，继续抢救那些奄奄一息的生命，只要多尽一份力，就能为新中国增添一个新生命。就这样，在战火轰鸣的日子里，她依然默默地用生命诠释着对事业的热爱。

新中国成立以后，为了可以让自己的远大抱负得以施展，她带领手下的医护人员奔赴各个偏远山村、城镇，普查妇科和儿科状况，也为自己撰写妇幼保健类书籍搜集大量资料，这为妇科的宫颈癌发病起到了防治作用，也提高了新生儿的出生率。为了治疗新生儿溶血症，她开创了脐静脉换血的方法，这为国内的新生儿溶血症填补了空白。

后来，林巧稚还为祖国的妇产科事业培养了大批专业人才，她把自己的经验和学识毫无保留地传授给了后人，直到疾病缠身时还继续完成《妇科肿瘤》这一著作，为我国的妇科肿瘤学留下了宝贵的知识财富。

林巧稚把毕生的时间都献给了医学事业，她终身未嫁，但她接生的孩子却不计其数，得到的感激更是数不胜数。她用超强的自信心，完成了自己的医学梦，成为我国妇科医学的奠基人，为新时代的女性描绘了铿锵有力的事业奇篇。

【故事小结】

林巧稚为了儿时的理想，倾注了毕生的心血，她之所以能成为让人敬仰的人，是因为她拥有了那种对理想坚持和自信的精神。在她心里，无论环境怎样，只要自己有坚定的信念，就能排除万难；只要想让自己的事业坚持下去，就能找到施展才华的平台。因此，在北京协和医院被迫关门时，她能想到自己开诊所来继续自己的事业。应该说，林巧稚是了不起的，她不仅是新中国优秀的女性，也是巾帼不让须眉的典范。

与林巧稚相比，我们的理想似乎总显得非常渺小。众所周知，在这个世界上，能成为名人或伟人的人屈指可数，可我们从来没想过，为什么我们会如此渺小而平凡，我们到底差在哪里？

理想、愿望、梦想、希望，是我们每个人都有过的，这么说来，我们恰恰缺少的是那份自信。

很多时候，我们总是觉得成功只属于那些有能力的人，与我们无关，而自己的理想，只要存在就很不易了，作为普通人的我们，根本就不可能将其变为现实。显而易见，我们成功的梦想还没出发时，就被我们自己扼杀了、否决了。长此以往，就连我们唯一的自信也会一并丢失。

这样日积月累，也许就连一件小事我们都做不好，因为信心已不属于我们了。试问，一个连自己都不相信的人，能做好什么呢？

自信，可以带给我们超越自我的力量，就像林巧稚一样，她就是凭借自己的自信，才一步步突破自我、创造奇迹的。她原本也是一个平凡人，却能突破所有世俗老旧的框架，脱颖而出，她靠的就是自己那份异于常人的自信。

其实，我们每个人都有自信，只是长时间不被我们关注后，或者遭到了诸多客观因素的打压后，被我们丢弃了。往往，自信是需要被肯定的，就像林巧稚的老师无意中说的那句话。他人的肯定，有时是我们坚持下去的理由。但更重要的，还是自我肯定。

索拉里奥的自信暗示

【名人典范】

意大利著名画家安德烈·索拉里奥由于家境贫困，只能流浪街头，靠修补手艺勉强度日，直到他接到了画家安东尼奥·德尔费罗的邀请，为他修补一些画具，才改变了他的人生。

据说，索拉里奥到了安东尼奥·德尔费罗家后，每天都在忙碌着修补画具，忙得不可开交。一次空闲时间，他结识了安东尼奥·德尔费罗的女儿，与其交谈之中对她产生了爱慕的情愫。

起初，他想到了自己卑微的身份，所以一直羞于表达。经过几番挣扎之后，他决定还是向安东尼奥·德尔费罗提出要娶他女儿的请求，他想只要开口说出来就不会再有遗憾了，自己虽然暂时一无所有，但他相信只要自己肯努力，一切愿望都可能实现。

就这样，索拉里奥终于鼓足了勇气，向安东尼奥·德尔费罗郑重而严肃地提出了想要娶他女儿为妻的请求。安东尼奥·德尔费罗却认为索拉里奥只是一时冲动，一个出身卑微的人，怎么可能配得上自己的女儿呢？于是随口说出："只要你能成为和我一样的画家，我就把我的女儿许配给你。"

索拉里奥听后开心极了，他觉得自己看到了希望。他认真答道："请您给我10年的时间，如果我可以成为和您一样的知名画家，就请您让我实现我的愿望。"安东尼奥·德尔费罗蔑视地看了看索拉里奥后，点头同意了。

从此以后，索拉里奥就开始了他的圆梦之路。他一边靠修补的手艺维生，一边拜师学艺。每天早上，他都会对着镜子告诉自己，一定要成为一个像安东尼奥·德尔费罗那样的画家。他总是喜欢用这样的话来激励自己，给自己增添信心。每次遇到挫折或者打击的时候，他都会大声地用这样的话来勉励自己，为自己加油。没有人知道索拉里奥为了自己的梦想付出了多少辛勤的汗水，也没有人知道对他来说，想要成为画家要经历怎样的艰难，可让人惊奇的是，人们看到的永远是阳光灿烂、笑容四溢的他。

就这样，10年时间一晃而过，虽然他还没有成名，但已经具备了成为画家的能力。一次意外的机会，他被请到王宫作画。每天绘画之前，他都会大声地说出要成为像安东尼奥·德尔费罗一样的画家。他的话被国王的姐姐听到了，于是她询问了他说这句话的原因。了解情况之后，国王的姐姐对眼前这位画家充满了无比的敬佩，决心要帮他实现愿望。

一天，国王的姐姐以帮助她审评一幅画为由，找来安东尼奥·德尔费罗赏画。当安东尼奥·德尔费罗看到了那幅画之后，不禁惊呆了，那画美妙绝伦，惟妙惟肖，似乎每一笔都画得那么活灵活现，犹如真实的场景再现。安东尼奥·德尔费罗想象不出是什么样的画家可以画出这么美的作品，于是请求国王的姐姐让他认识一下这位画家。

让安东尼奥·德尔费罗感到吃惊的是，他看到的那位走出来的画家竟然是索拉里奥。他简直不敢相信自己的眼睛，不停地说："果真是你。"他想到了曾经不经意间应允的承诺，他没想到这样一个穷小子竟然可以超越自己，真的成为画家。这时，索拉里奥再次向安东尼奥·德尔费罗提出请求，要他把女儿嫁给自己。这一刻，安东尼奥·德尔费罗欣喜地接受了索拉里奥的请求。

索拉里奥终于实现了他的愿望，还成功地成为比安东尼奥·德尔费罗还优秀的画家。

【故事小结】

索拉里奥能够成为了不起的画家，缘于他超强的自信和坚韧不拔的意志。对于一个已经成年的修补匠来说，想要改行，一切从头开始，不仅需要勇气，还需要一种对自我能力肯定的信心。他每天都激励自己重复着说“要成为像安东尼奥·德尔费罗一样的画家”，这种强烈的愿望，其实就是在无形之中，在潜意识中为自己添加了信心。

有的时候，很多事情都需要一种心理暗示。心理学中也讲到过，如果一个人每天早上醒来都对着镜子给自己一个微笑，那么他这一天都会精力充沛、非常开心。相反，如果每天醒来都想一些不开心的事情，那么无论面对什么都会无精打采、提不起精神。自信也是如此，它也需要我们自己去激发它的潜能。

谁都想不到明天会发生什么，也许前一秒还是人生的谷底，后一秒却到了人间天堂。但是不管怎样，只要相信自己，勇敢面对，就没有什么是做不成的。就像索拉里奥一样，他也想不到曾经穷困潦倒的自己会成为著名的画家。

其实，当你站在人生的舞台上为自己的理想打拼时，过程自然是寂寞而艰辛的。在这个时期，我们听不到任何掌声，也听不到观众的喝彩声，这种时刻很容易摧毁我们的信念。此时，就需要我们为自己鼓掌，以调动起自己足够的自信，继续努力，等待机遇。也许，我们也会像索拉里奥一样，等到一个被人发掘的机会。

自信，是上帝赐予我们开启成功之门的钥匙，当我们为自己规划好人生，选择对理想之后，要做的就是拿着这把钥匙，翻山越岭，靠近属于我们的那道成功之门。

作为青少年，更需要自信来为自己选好未来的每一步。当我们面对学业失去信心的时候，当我们找不到前进方向的时候，当我们被现实的生活压得无法呼吸的时候，就应该大声地告诉自己，我们想要的成功是什么？然后像索拉里奥一样，继续笑对生活中的挫折，向着自己的理想飞跃！

爱因斯坦

用自信坚持真理

【名人典范】

伟大的科学家爱因斯坦，是现代物理学的奠基人。从小，他就对数学以及科学界的一切有着独特的迷恋，他总是喜欢一个人静静地看着眼前的事物发呆，喜欢沉思每一样自然界事物的由来，因此，不了解他的人，只会觉得他是一个生性怪癖、略带傻气的孩子。

然而，就是这样一个略带傻气的孩子，却能在课余时间，把全部的精力用于研究数学。

上了中学以后，他为了开阔眼界，找来了各种各样和数学相关的书籍阅读，增长了见识。有时候，还经常和工程师叔叔共同探讨数学里解不开的公式。

一次，他的叔叔在纸上写了一个公式，同时告诉他这个公式就是著名的毕达哥拉斯定理。在很早以前，就有人得到了公式的破解答案。爱因斯坦试着计算。他看到了这样的公式后并没有觉得自己不行，而是欣然接受了叔叔出的这个难题。

那个时候的他还没有接触过几何，难以想象他用了怎样的自信才勇敢接受了这样的挑战。几个星期过去了，爱因斯坦每天都在冥思苦想，可试了很多种办法还是没有找到答案，直到后来他慢慢回忆了自己全部所学过和看到的知识，将他们运用到了这个题当中，才奇迹般地证明出这道难题。连他的叔叔都觉得不可思议。这件事给爱因斯坦带来了更多自信，也为他后来坚持自己的选择奠定了基础。

慢慢地，爱因斯坦长大了，但随之而来的却是更多让他百思不得其解的难题。他总是在想，要是他能用光在真空中的速度和光一同向前跑，是不是可以看到这其中振动的电磁波？这个问题一直困扰了他很多年。

直到大学毕业，由于暂时的失业给了他很多空余时间，他利用所有时间，翻看所有关于这个问题的书籍，最后决定突破原有的物理思维模式，阐述自己的理论。就这样，通过几个星期的总结，他写出了近万的论文，而这其中的内容，阐述的就是狭义相对论的理论。

这一理论推出之后，被很多人反驳，可面对这样的回应，爱因斯坦却不屑一顾地说："如果我的理论是错误的，那一个人反驳就够了，虽然上万个人反驳，却没有人能证明我的理论一定是错的，那只能证明他们的猜测都是零。"就这样，爱因斯坦以他完全的自信回应着世人的反驳。

而这一理论，在日后的诸多实验中，都证明了其正确性。爱因斯坦的这一物理新发现，成为一个新的里程碑，爱因斯坦也因此受到更多人的敬佩。

【故事小结】

爱因斯坦可以在众人反驳的情况下毫不动摇地坚持自己的理论，这充分展示了他的自信。他能成为著名的科学家，也缘于他这份自信，最终，他才可以用他所证明的理论征服世人。

每个人的成功路都是不平坦的，在这个过程中，要承受得住压力、耐得住寂寞、忍得了议论。不要因为被人否定就动摇自己的想法，从而产生不自信的心理，转而自己将自己击垮，那样的结果只能换来其他人更多的不解和嘲笑。

自信就像是可以撬起地球的杠杆，只要你相信，就会拥有神奇的力量。一个人能否成功，往往取决于心态，就像爱因斯坦小时候解毕达哥拉斯定理一样。他小小年纪，还没有认识几何是什么，就能通过各种途径解开这个难题，这足以说明一个自信的心态对一个人的重要性。

生活中的我们，经常会被动地去做一些事情，导致心情特别沮丧。结果，原本可以做好的一切，都做得一塌糊涂。究其原因，就是因为我们心态不好，根本没有心情，更谈不上自信了，本着这样的心态去做事，只会让我们不断丧失自信心。

因此，要想做好一件事，首先要对这件事情感兴趣，然后再去做。如此，自信也会倍增。当我们对理想或者生活失去自信的时候，就想想当初是怎样的兴趣吸引了我们，而后调整好自己的心态，拾起自信，整装待发，重踏征程！

乔·吉拉德
给我们的启示

【名人典范】

乔·吉拉德，是美国著名的汽车推销员，他的销售业绩至今无人匹敌。但很少有人知道，在此之前，他有过怎样的经历。

乔·吉拉德出生在美国的一个贫民窟中，幼年时家庭条件非常贫困。为了补贴家用，他几乎打遍了所有零工。因为学习成绩始终不好，所以他高中还没念完就彻底告别了学业。那时候，他的父亲非常看不起他，总是打击他。在父亲的心里，乔·吉拉德就是个废材，难成大器，无论他想做什么，父亲都会告诉他“你不行”，只有他的母亲经常鼓励他。然而，父亲频繁的否决，在他的内心造成了极大的阴影，几度让他萎靡不振，甚至连和人们正常交谈都那么不自信，说话总是结巴。

这一切，母亲看在眼里、疼在心上，母亲决定帮他找回自信。每天，母亲都会提醒他，他是个健全的孩子，有双手，有能力，只要靠自己去打拼，总有一片天是属于他的。

在母亲的帮助下，乔·吉拉德先成为一个建筑师。他用了13年的时间从事建筑事业，但可悲的是，由于生意不景气，他赔得精光，银行收回了他的房子、车和一切值钱的东西。一夜之间，他又变成了穷人。眼看着自己的妻子、儿子无家可归，甚至连吃饭都成了问题，无奈之下，他决心从头开始，先找一份可以糊口的工作，其他的事情再从长计议。

就这样，他开始了为找工作而奔波的日子。因为学历、经历的种种限制，很多工作都与他无缘。直到一个寒冷的下雪天，他无意中走到了一家汽车经销店，突然他眼前一亮。他想，去做促销吧，这个工作只看能力。

于是，他走进了这家汽车经销店。经过询问，才知道这里已经不需要人了，但想到自己目前的生活，非常需要这份工作，他还是决心去试试。他找到老板，说明了他的意图，但老板却说："我们需要的是有经验的促销员，你又没做过促销，还是走吧。"

乔•吉拉德却自信地说："只要你可以用我，我保证在两个月内成为这里最棒的促销员，只要给我提供桌子、椅子和笔就可以了，如果两个月后我不行，我会自动走人。"老板看着他诚恳而信心十足的样子，就决定给他这个机会。

开始卖车的第一天，他打了无数个电话，联系到了所有的朋友和客户。一天内，只要是经过这里想要买车的人，他都会耐心地与他们交谈，一直到晚上 9 点多，当店门再次打开时，有一个人直奔他走来，他一如早晨刚上班时一样热情地招待着这位顾客。最后，在他再三的说服、恳求下，他终于卖出了他人生中的第一辆车。

时间就在乔•吉拉德每日的辛劳中度过了。两个月后，他真的成了那里最优秀的销售员。后来老板问他："你是怎么实现你的诺言的？"乔•吉拉德笑着回答："首先因为那时的我走投无路，我必须自信地去面对一切，其次我相信自己，只要有头脑、有嘴巴可以与人沟通，没有什么是不可能做到的。"

三年之后，乔•吉拉德成为世界闻名的一流销售员，他卖出的车打破了吉尼斯世界记录，他成功的故事也成为了至今让我们广为传诵的奇迹。

【故事小结】

困境，往往会成为一个人成功的坐标，它会在无形之中指引着我们前行，也会激发出我们的潜能，让我们在某一刻坚信我们定能成功。就像乔•吉拉德一样，因为破产他才会去找促销的工作，因为家里温饱问题遭遇瓶颈，他才会想尽办法接受这份工作带来的挑战。也许，开始他说的给他两个月的时间就能成为最好的销售员，只是一时之词，目的是能留在那里工作。于是，他必须自信地回答老板，这样才能显出他与众不同的能力。但是后来，他自己也不希望自己说出的话最后成为笑话，因此才逼迫自己想尽一切办法向目标靠近，最终，这份来自自我逼迫的自信心，让他获得了让人刮目相看的成功。

作为我们本能的自信，往往在外界给予的启发下也会被激发出来，因此很多成功者通常都是在绝境中才能找到希望，激起自信，看到成功的彼岸。

在这个科技飞速发展的社会中，衣食无忧的我们总是因过于优越的家境而丧失了斗志，以致根本不知道自信为何物。甚至只有在大手大脚地花钱时，才会觉得自己是充满自信的。这样的现实，只会让我们在时间的流逝中失掉信心。

因此，我们要学会在顺境中为自己的未来打算，想想自己未来要成为一个什么样的人？作为新时代的青少年，我们不仅要有敢于追求梦想的决心，还要有把自己置于绝境的勇气，然后带上绝处逢生的信念，为自己的成功之路开辟一条新的航程。

海伦·凯勒

成功的秘诀

【名人典范】

著名盲聋作家、教育家海伦·凯勒，自幼由于一次重病而失去了视觉和听觉，这样残酷的事实对于一个幼小的孩子来说，无疑是一个沉重的打击。从此，她只能在黑暗的无声世界中生活，她开始了对外界一切事物摸索前行的艰难历程。

然而，她是一个内心坚强且对自己充满信心的孩子，她总是梦想着自己能像正常人一样去沟通、交谈。她希望有一天自己也可以考上哈佛大学，成为知识渊博的学者。

9岁的时候，家里为她请来了影响她一生的莎莉文老师。在莎莉文老师的指导下，她开始系统地学习发音、写字、读书。为了让她可以更多地感受到自然界的美丽，可以了解身边的一切，莎莉文老师带她去了很多地方，目的是为了让她去亲临自然，触碰世界。当她对世界充满了幻想和热爱的时候，莎莉文老师就开始教她手语，让她开始练习发音。

其实，对于一个盲聋的孩子来说，发音是最难学的，因为她根本看不见对方的嘴唇，也听不到任何声音，一切都是摸索。这对于海伦•凯勒来说，简直就是不可能完成的事情。

不过，这些难不倒她。莎莉文老师先是让海伦•凯勒用手触摸说话人的声带，用说话产生的振动让她感觉，继而让她也效仿着发出一样的振动声，然后再摸着对方的嘴唇感受每一个字发出时的唇形。就这样，海伦•凯勒不厌其烦地练习着，可怎么练都很难发出和常人一样的字眼儿，这让海伦•凯勒万分焦急。可是，着急归着急，她总是在心里告诉自己不能放弃，只要加油就能战胜命运。于是，她为自己擦去了痛苦的泪水，更加努力地练习起来。

功夫不负有心人，夜以继日的刻苦练习终于让她看到了成绩，她终于能准确地说出简单的称呼了，为此全家人都为她感到高兴。

随着时间飞转，海伦•凯勒在漫长的岁月中学会了多门语言。在这几年中，海伦•凯勒阅读了所有名著，积累了很多文学知识。海伦•凯勒报考了哈佛大学，最终顺利完成了学业，也实现了她儿时的梦想。

毕业后，她开始了写作生涯。她相信自己的故事一定能感染更多像她一样不幸的人，可以为他们带去坚强的信心和继续生活的勇气。就这样，她带着情感书写着自己的故事。最后，她完成了多部著作。而那部众所周知的《假如给我三天光明》，就是以她自身经历为题材而完成的，至今，这部作品仍鼓舞着一代又一代年轻人。而海伦•凯勒，也因此成为我们心中不向命运屈服的英雄！

【故事小结】

海伦•凯勒用她坚强的意志和不放弃、不服输的信心，战胜了命运赐予她的不幸。她的自信，让她拥有了乐观、向上的品格，也促成了她成为人们心中顽强的勇士。

自信会为人们带去无法想象的能量，就像海伦•凯勒一样，因为自信，她克服了重重难关，最终可以与正常人交流，且一切都不比正常人差，这就是自信带给我们的奇迹。

有些人，总会觉得自己先天的条件特别差，所以总是非常自卑，走路都会一直低着头。长此以往，只会让自己连同脊背一同变弯，彻底对生活失去信心。

其实，当我们静下来的时候不妨仔细想想，和海伦·凯勒比起来，我们不是幸运很多吗？我们是个正常人，单单这一点，就足以让我们没法去找不自信的理由。看看海伦·凯勒，在盲聋的情况下还能充满信心地学会多门语言，并书写了那么多部著作，是何等了不起！再看看我们拥有健全的身体，却在心灵上"残疾"，无论做什么事情之前都先说句："我不行。"如此一来，又怎能成功？甚至很多时候，都没等对方说出做什么事，就习惯性地说出这句话。慢慢地，时间久了，原本可以干得很漂亮的事情也无法做成了，这就是我们最大的悲哀。

一个人，可以没有金钱、没有别墅、没有名车，但绝不可以没有自信。自信就像泉眼，拥有了，一切都会随之迸发而出。因此，只有拥有自信的人生才是完整的。

成功指挥

万人演奏的约翰·施特劳斯

【名人典范】

约翰·施特劳斯是世界著名的“圆舞曲之王”，他的名字在音乐界无人不知，无人不晓，他一生中指挥过上万场音乐会，然而最让人震惊的一次，当属在波士顿的那次万人演奏会。

1872年，约翰·施特劳斯开始了他的环球旅行。他一边搜集创作资料，一边陶冶情操。当他抵达美国的时候，刚一放下行李，就迎来了闻讯而来的音乐团的集体拜访。经过交谈才知道，他们不仅是来向这位著名的音乐才子讨教的，还想请他指挥一场即将在波士顿举行的由两万多乐队成员组成的巨型音乐会。

音乐团这一请求提出以后，首先惊呆了约翰·施特劳斯的助手们，虽然约翰·施特劳斯早已是久经沙场的著名指挥家了，但是最多也不过是指挥几百个人，如果说指挥上万个人，单单距离问题，就会让很多成员因看不清指挥而导致演出失败。

在助手们看来，约翰·施特劳斯必定会婉言谢绝这样的邀请，毕竟这不是闹着玩的。可是，让他们意想不到的是，约翰·施特劳斯竟然欣然接受了这次邀请，并且非常自信地表示，自己肯定会指挥得非常成功，随即毫不犹豫地签署了演出合同。

当约翰·施特劳斯要指挥两万人的“巨型”音乐会的消息传出以后，吸引了很多人的注意，大家对此都持观望态度，一边期待着一场巨型音乐会的成功到来，另一边却在议论着约翰·施特劳斯。

时间过得很快，转眼间就到了演出当天。当时，会场中观众爆满，大家都在拭目以待。随着一声鸣炮的响起，音乐会拉开了帷幕。只见约翰·施特劳斯举起指挥棒的同时，在各个角落有一百多名助理指挥同时做着和约翰·施特劳斯同样的动作，这一奇特的指挥方式让所有人都愣然了，伴随而来的，则是美妙的音乐和映入眼帘宏伟的音乐会阵容。

就这样，约翰·施特劳斯在超强的自信心的支持下，超乎想象地用这种特殊的方式完成了壮观的“巨型”音乐会指挥任务，也为自己的音乐生涯创造了又一个佳绩。

【故事小结】

约翰·施特劳斯用自己的超凡自信战胜了前所未有的挑战，可称之为奇迹中的奇迹。没有人会想到他真的能完成这样“巨型”的指挥任务，但是人们更不会想到，是他的自信助他想到了利用和助理指挥共同合作的办法，这实在是妙不可言。

自信是一种无形的力量，它会为你带来无限的可能，只要你愿意去试，有足够的自信，那么它就会带给你相应的意想不到的奇迹。

贝蒂曾经说过，人有了坚定的信念才是不可战胜的。就像约翰·施特劳斯一样，因为有了饱满的自信，才有勇气接受这样庞大的“指挥”盛典，且最终顺利地为盛典画上圆满的句号。

在我们的生活中，发生在约翰·施特劳斯身上的事情也一样会发生在我们身上，前提是，一个人必须有足够的自信，如此，他就会做出一些让自己都觉得震惊的事情。当然，如果失去自信，可能一件非常简单的小事都很难完成。

我们都知道百米赛跑对跑步者的心理素质要求极高，而一旦他在跑步之前有任何心理上的落败，那么显然，这种失去信心的行为，即会让他的成绩极不理想。身边有人很擅长跑步，是个百米赛跑的健将，但由于比赛的那天，他很不巧地忘记带自己跑步时穿的鞋子，所以对整个比赛突然失去了信心，认为自己穿着普通的运动鞋是跑不出好成绩的，就这样，他还没等跑出两米就摔在了地上，继而导致自己在这场比赛中失败了。

试想一下，如果他能不被外界的因素而影响心理状态，也就自然不会失去信心，而冠军也基本还会属于他。因此，自信往往也是一种很强且很自然的心理暗示，无论做什么事情，都不要先说不行，如果自己都先将自己否定了，那谁还会相信你呢？

因此，要学会像约翰·施特劳斯一样，敢于接受任何在别人看来都不可能的事情，让自信为自己的心灵扬起风帆，继而指引着自己战胜自我。

第四辑

失败难灭梦想

史泰龙
失败了 1849 次

【名人典范】

你是否还记得这样一个美国士兵，越战后他带着满心沮丧和疲惫回到了祖国，本想过上平凡的生活，却处处碰壁，最后奋起反抗而成为英雄；你是否还记得这样一位救援队长，冒着生命危险在一片废墟中进行救援，依靠顽强的意志使人们重见阳光；你是否还记得这样一名优秀的领导者，他带领自己的敢死队完成了一个个危险而又艰巨的任务……

在你崇拜这样一位银屏上红得发紫的巨星时，你可曾知道，他当年为了求得一个职位，失败了 1849 次！

曾经有一个普普通通的美国青年，家境贫穷，一日三餐都艰难维持。但是他却有着一个伟大的梦想——做一名好莱坞演员。朋友和亲人都觉得他不可理喻，也没有人支持他，所以求职的时候他连一件西装都没有。

那个时候，好莱坞有 500 家公司，这个青年为了面试，做了详细而周密的计划，他记下了每个公司的名字和线路，带着自己量身定做的剧本，踏上了求职道路。

求职是一条注定孤独的旅程，路上少不了挫折与失败。这个美国青年第一次求职便以失败告终，500 家公司全都拒绝了他。

这个美国青年并没有灰心，他又回到家中重新修改剧本，并总结失败的原因，一次次地改正自己犯过的错误。然后，他怀着雄心和信心再一次踏上了求职之路。

命运总是喜欢开玩笑，第二次求职，这个美国青年再一次碰壁，500家公司依然没有人愿意雇用他并使用他的剧本。

就这样，一晃两年过去了，这个美国青年依旧没有找到工作，周围的人开始嘲讽他那个不切实际的梦。但是，他觉得自己不会一直失败，只要肯努力，总会有成功的一天。虽然自己一次一次被拒绝，可每次被拒绝都会有所成长。他在好莱坞一边打工一边求职，渐渐地，他熟悉了越来越多关于电影的事情，也渐渐学会了编写优秀的剧本。

他开始了第三个500次。这一次，他的剧本得到了大部分导演的认可，然而导演们却不希望没有名气的他做主演。不过，这个青年依旧坚持着，就这样，他一直跟各位导演推荐自己和自己的作品。终于，在失败了1849次之后，一位导演被他坚持不懈的精神所感动，在第1850次求职时，这个美国青年获得了成功。他不仅成功主演了电影，而且该电影还获得了1976年奥斯卡最佳影片奖，他本人也被提名为奥斯卡最佳男主角奖。这个年轻人就是西尔维斯特•史泰龙。

这部影片叫作《洛奇》。洛奇是一个三流拳击手，一直混迹在黑暗的地下拳击场，作为一个陪打人，经常被打得鼻青脸肿而得不到一点小费。不过，为了生计，他不得不继续坚持他的工作。后来，在一次偶然的机遇下，他被一个全国性拳击比赛的主办方看中，成为美国重量级黑人拳击冠军阿波罗•奎迪的陪打人。

洛奇知道，自己不可能赢得比赛，但作为陪打人，他觉得只要能够坚持15回合就是胜利。之后，他为了这个理想刻苦训练。在朋友们的帮助下，他依靠自己顽强的意志，永不服输的信念，终于完整地坚持了15回合。最终，虽然洛奇战败了，可他的坚持和永不放弃的勇气，赢得了所有人的尊重。

这个故事和他的经历何其相似！正是因为有了这种亲身体验，他在电影中才完美地展现了自己对坚持不懈精神的理解，也让无数当代人获得力量。

【故事小结】

影片《洛奇》里面有一句话：生活并不全是阳光和彩虹，这是个十分卑鄙肮脏的地方。我不管你有多狠，但只要你允许，他会永久性地把你打得跪在地上起不来。你、我、没有人能打得比生活还重，但重要的并不是你能打多重，而是你能挨多重，并且坚持向前，你能承受多少并且坚持向前，这样才叫胜利。要是你知道你自己的价值，就去争取你的价值，但你要愿意去挨打，而不是说他、她或任何人拖累了你。只有懦夫才会这样做，而你不是懦夫！

我们每个人的生活又何尝不像这句台词所说的呢？每个人都会在生活中遇到困难，如果我们不坚强，谁会替我们受伤？如果我们不坚持，又怎么能够成功呢？

机会总是会留给有准备的人，可是很多人有了准备却依然得不到机会，这表示我们准备得还不够充分，或者说我们坚持得还不够多。

很多时候，我们也许距离成功只有一步之遥，关键就在于我们能不能坚持到底。如果我们在前进的路上总是还没有走完其中一条便转向另一条路，那么是永远都不可能到达路的尽头的。

人生总会经历失败，有些人遇到了挫折便自暴自弃，有些人却是愈战愈勇。有些人坚持便成功了，有些人坚持却没有成功，很多时候，我们不该抱怨别人不懂得欣赏自己的才华，而应该反省是不是自己能力不足、坚持不够？

爱迪生

从失败中汲取力量

【名人典范】

1847年2月11日凌晨3点钟，一位属于全人类的伟大发明家——爱迪生，诞生在俄亥俄州的米兰小镇。就是这样一位发明家，一生研发了了1300多种发明，给人类带来了福音。

爱迪生有许多重要发明，譬如他改良了电话，使电话的声音变得更清楚；他发明了留声机，让当时人们的生活变得更加有趣；他发明了电灯，让世界从此不再黑暗，让世界从此充满了光明；他发明了复印机，让我们可以很方便地阅读；他还发明了活动电影放映机，让所有人的生活更加丰富多彩……

爱迪生得到了全世界的赞美，不仅因为他的发明，更因为他拥有艰苦奋斗的精神和对创造矢志不渝的追求。

爱迪生小时候很喜欢问问题，对大自然的各种事情都非常好奇，他经常因问一些匪夷所思的问题而让人觉得不可理喻。例如有一次，爱迪生看见母鸡成天坐在窝里，就问他的母亲为什么母鸡成天坐在那里呢？妈妈就告诉他母鸡在孵蛋，爱迪生就以为，只要坐在蛋上面就能孵蛋，于是他坐在鸡窝里孵起蛋来。爱迪生的父母发现他一直蹲在鸡窝里，就去看他做什么，结果当家人看见他在孵蛋的时候，都不禁捧腹大笑起来。

爱迪生家境贫寒，他 11 岁时就开始在火车上工作，他一边卖报一边兼做水果等生意。他喜欢看书，所以一有空就跑到图书馆。后来，他靠积攒的钱买了旧印刷机，办起了报纸，实时报道前线战况。他用挣来的钱买了很多化学药品，在火车上建了一个化学实验室。可悲的是，后来药品泄露导致火灾，他因此失去了工作，还被列车员打聋了耳朵。

不过，这重大的不幸并没有击倒爱迪生，他继续坚持着自己的爱好，并且喜欢上了发明。他发明了印刷机，因此获得 4 万美元，他用这个钱开办工厂，从中赚钱，并投资在自己更多的发明上。

在爱迪生的发明中，很重要的一项就是电灯。爱迪生用碳化物质做实验，失败了以后又用金属做实验，但他继续失败。不过，每一次失败都没有使爱迪生失去信心，反而让他更加坚定地进行实验。

在他发明电灯的那段时间里，他仅碳化材料就用了 6000 多种，实验笔记多达 200 多本，共计 4 万余页。这份坚持在当时是绝无仅有的。只是，这份坚持并未马上收获喜悦。

他在发明蓄电池时出了问题，导致工厂倒闭，但他依然没有被失败击倒，他坚持对电池进行改良。就这样，坚持加努力，最终让他成功了。

爱迪生一路走来，经历了无数次的失败，可是他从来没有气馁过，也没想过放弃，他一直在努力地工作着。他曾被老师说成低能儿，曾被很多人嘲笑。就是这样一个智力“迟钝”的人，对人类做出了巨大的贡献。爱迪生当真从失败中汲取了力量，成就了不同凡响的成功。

【故事小结】

爱迪生曾经说过：“我始终不愿抛弃我的奋斗生活，我极端重视奋斗得来的经验，尤其是战胜困难后所得到的愉快。一个人要先经历困难，然后踏进顺境，才觉得受用、舒适。”这句话告诉我们，善于将别人认为消极的失败转化成前进的力量是很重要的。爱迪生一生都在奋斗，无论挫折抑或失败，他在面对这些时，从来没有放弃过心中的梦想。

在追梦的过程中，他经受着贫苦的折磨，甚至耳朵失聪，这些在常人看来根本无法忍受的现实，在爱迪生眼里都变成了持续前进的动力。也正因为他有这份不畏艰难、勇往直前的精神，才使得他即便正失败着，也会鼓起再次尝试的勇气。

回过头来看看我们，为什么难以成功？这其中一个显而易见的原因，就在于很多时候，我们不能够坚持，很多时候，我们遇到一次失败便放弃了。爱迪生的故事告诉我们一个深刻的道理，要想成功，不仅需要聪明才智，更需要艰苦奋斗的品格和坚持不懈的精神。因而，年轻的我们，应该学会从失败中汲取力量，以争取将来更多的成功。

今天的我们，生活、学习的环境都更为优越，从一个常规角度看，是足以敦促一个人走向成功的。可是，那份难得的成功之于我们，却还如镜中之花、水中之月，想得而得不到。故而，我们应该审视自身，从一个个不起眼的缺点入手，逐步克服它，改善它，最终摒弃它。往往，走向成功的秘诀和最强动力，就是击败缺点和不足。

史玉柱——巨人倒下又崛起

【名人典范】

他曾是莘莘学子万分敬仰的创业天才，他曾是无数创业者纷纷效仿的模范创业者，他曾是无数企业家引以为戒的失败典型，他就是巨人集团的董事长兼 CEO——史玉柱。

史玉柱的一生是大起大落的，他的一生也极富传奇色彩。

1987 年 7 月，他孤身一人下海创业，当时他仅有的资本，就是自己独立开发的汉卡软件和“M-6401 桌面排版印刷系统”软件。他是幸运的，因为当时的他受到深圳大学一位兼职科贸公司的老师的器重，故此得以在电脑部工作；然而他也是不幸的，因为除了营业执照，他手中只有 4000 元钱。作为一个软件师却没有电脑，他又该如何继续呢？

于是，他想到一个办法：他向商家加价 1000 元，以求获得延期付款的优惠得到了一台电脑，虽然只是延期半个月。不管怎么样，第一个难关总算渡过了。买卖产品需要推广产品，可他没有广告费。为了解决第二个难题，他便用电脑做抵押，用这种赊账的方式在杂志上做了第一个广告。此后，经历了漫长的等待，在距离付款期限只一步之遥时，他“时来运转”，一下子收到了三张邮局汇款单，一万元。就这样，他捞到了人生的第一桶金。

他把第一次的盈利全部用在了广告投资上，就这样，靠着滚雪球式的经营，他的资金丰足起来。

1991年，史玉柱建立了珠海巨人新技术公司。也许，很多人有了自己的公司就会满足了，然而他并不这么想，他有着更大的野心。他用几乎是绝对亏本的方式吸引了全国的经销商参与巨人汉卡的订货会，就这样，他组建了庞大的营销网络，拓宽了市场，进而取得了更大的盈利。此时的他，获得了人生中前所未有的成功。

遗憾的是，意气风发的史玉柱，在不久后做了一个错误的决定：他决定盖一栋70层的中国最高楼——巨人大厦。因此，他抽空了公司所有资金，可那些资金对于一栋70层的大厦来说，依然是杯水车薪。而此时的公司，已如同肉体没有了血液一般。最终，他不得吞不下了自己酿造的苦果——宣告破产，并欠下了数额高达2个多亿的债款。

一般人欠下这么多的债款，估计早就崩溃了，可史玉柱却并没有就此一蹶不振。他自己的核心团队还在，他的家人依然相信他。于是，他背着债务开始了二次创业。这一次，他选择了做保健品。一个领导者最重要的就是决断力，无疑，史玉柱做了一个十分明智的决定。

在巨大的压力下，一个保健品的新秀——脑黄金出现了。史玉柱高调复出，亲自下市场调查消费者需求，并用“狂轰滥炸”的方式疯狂地在广告上投资。就这样，在全国保健品市场还在沉睡的时候，他仅仅用了4个月便打开了保健品市场，短短4个月回款4个亿。就像“巨人”这个名词一样，他用这种“暴力营销模式”，向世人再一次展示了“巨人”的风采。

有了资金以后，他又相继投资了银行、保健酒等，都获得了优厚的回报。

“今年过节不收礼，收礼还收脑白金”，这句广告词也许曾让不少人厌恶，但他们却都牢牢地记住了它。这款产品就是史玉柱的又一款保健品——脑白金。他又一次采用无孔不入、狂轰滥炸的超级广告模式，对脑白金进行推广，而这笔巨额的广告投资，花去了其近乎百分之八十的资本。幸运的是，结果很令人满意，史玉柱本人也因为脑白金而一举成为身价10亿的老板。

有了资金，他开始和外企合作，研究更多的保健品，于是便有了黄金搭档。就这样，巨人再一次崛起。

1995 年 7 月，史玉柱被《福布斯》列为中国大陆富豪，而且是唯一以高科技起家的企业家。

2004 年，“巨人”公司设立了征途科技，开始创作网游，并且一直坚持着。2007 年 11 月，巨人网络公司资产一度超过 500 亿人民币，直到 2013 年 4 月，史玉柱辞去巨人网络公司 CEO 一职。

【故事小结】

史玉柱的传奇告诉我们，要想做大事，就需要大手笔，需要有超越常人的胆识和决策能力。然而，只有这些还是不够。史玉柱的第一次创业成功了，他的成功是有目共睹的，这要归功于他的勇气和胆识，但是，年轻的他毕竟心高气傲，成功以后好高骛远，妄想盖 70 层的巨人大厦，结果导致他一夜之间从身价 8 亿的“中国首富”变成负债两亿的“中国首负”。

对于一个正常人来说，别说是欠债两亿，就算是两千万或两百万，也许都很难再站起来了。然而，史玉柱就是这样一个创造奇迹的人。他从失败中汲取了教训，后在成功中总结了经验，始终本着艰苦奋斗、不屈不挠的信条。终于，他站在了比以前更高的台阶上。

史玉柱的成功印证了海明威《老人与海》中的一句话：“一个人并不是生来要被打败的，你尽可以把他消灭掉，可就是打不败他。”

对年轻的我们来说，史玉柱身上的不畏惧失败，从失败中爬起来的勇气和斗志正是我们所欠缺的。未来属于我们，而我们今天的每一个决定都左右着未来的走向。因此，今天的我们也要学会坚强，学着坚忍，为未来奠定基础。

益川敏英

为梦想而搏

【名人典范】

提到“小林－益川模型”,“电荷－宇称”“对称性破缺”,你可能不知道,不过,提到益川敏英这个名字,你或许听过。

益川敏英于 1940 年出生在日本名古屋的一个工匠家庭。他的家庭像很多人的家庭一样普通,父母为了生计经常辗转各地做生意,因此很少关注他的学习情况。他经常不能按时完成老师布置的作业,因此他小时候的成绩并不是很好。

上了高中以后,他突然对物理产生了浓厚的兴趣,并且希望将来能够成为优秀的物理学家。随着学历的升高,他小时候不认真学习的弊病日益凸显出来,上了大学以后尤其明显。

益川敏英从小英语就不好,上了大学以后每次英语考试都在班上倒数,他为此很郁闷,并想了很多办法来提高自己的英语成绩。他废寝忘食地学习,向老师、同学请教,但无论他如何努力,他的英语成绩始终都没有提高。

有一次,益川敏英向他的英语老师请教了一个简单的问题,而且这个问题老师曾在课堂上多次讲过。老师因此嘲讽道:“你连这么简单的问题都不懂,真够笨的。你的英语成绩这么差,以后肯定一无是处,将来能有个自己的饭碗就不错了!”

老师的这句话深深地刺痛了益川敏英的心,他从老师的表情上看到了轻蔑与不屑,他心中也因此充满了惆怅、失望与不安。

在无尽的忧愁中,益川敏英和几个好友一起去酒馆借酒浇愁,打算一醉方休的他进了酒馆以后就直接叫服务员上酒。然而，让人意想不到的是，服务员虽然上了酒，可并没有其他动作，益川敏英看了服务员一眼后，惊奇地发现，上酒的居然是一只穿着服务员衣服的猴子！这只猴子敏捷且洒脱的动作十分滑稽、可爱，让人怜惜。

益川敏英疑惑不解地询问老板，是如何把猴子训练得像人一样听话的。老板笑眯眯地告诉他，无论是人还是动物，总有优点是胜得过其他动物的，只要你找到了你的优点，并持之以恒地挖掘，不要说是猴子，就是一头猪也能训练成舞蹈演员啊！

听了老板一席话，益川敏英瞬间有“醍醐灌顶”之感，双眼仿佛看见了一道彩虹。益川敏英从未觉得自己的脑海有这么清晰过，他仿佛顿悟了人生真理，知道了自己的奋斗方向。而英语一直不好这件事情，突然变得不再那么重要了，老师的不屑与鄙夷也没有了任何意义。重要的是，他喜欢物理，他要为自己喜欢的事业奋斗一生！

就这样，大学毕业以后，益川敏英一直致力于物理研究。就职于日本京都大学理论物理汤川研究所时，小林诚和益川敏英提出了解释“CP 对称性破缺”现象的有关理论，并于 1973 年又提出了“小林 - 益川理论”。同时，他们预言了 6 种夸克的存在。到了 1995 年，他们的预言变成了现实，那 6 种夸克被发现了。

2001 年，日本和美国的科学家共同确认了“小林 - 益川理论”的正确性，而益川敏英也因此获得了 2008 年的诺贝尔物理学奖。

晚年的益川敏英专攻量子场论，并因此而获得了物理学领域的多项大奖。一份坚持，一份回报，益川敏英就是这样坚持着自己选择的方向，并为之奋斗、再奋斗的。

【故事小结】

有这样一个理论大部分人都听过：一只水桶想盛满水，必须保证每块木板都一样平齐且无破损，如果组成这只桶的木板中，有一块不齐或某块木板下面有破洞，那么这只桶就无法盛满水。也就是说，一只木桶能盛多少水，并不取决于最长的那块木板，而是取决于最短的那块木板。这就是“木桶效应”。

当然，人不是木桶，不能简单地用“木桶效应”的原理来分析人。就像益川敏英，如果我们一直强调让他学习英语，这样就会限制他在物理领域的发展，他也就不会在物理学界取得令人羡慕的成就了。

我们每个人都有长处和短处，故此我们不能总是把精力放在弥补自己的短处上面，而应该把目光放在我们所擅长的事情上面。金无足赤，人无完人。没有人能够做到面面俱到，但是每一位成功人士必然能在其擅长的领域获得成功。因此，我们应该认清自己的长处，确定人生的方向，并且为之努力奋斗。

当我们遭遇挫折或失败后，不必沉迷于这种现实之中，我们应该重新审视自己，从失败中爬起来，看看自己到底在哪方面有特长，擅长哪个领域。而后，在擅长的事情上多下功夫，如此，我们就会在不久的将来收获一份独属自己的喜悦。

青少年不应只专注于克服自身短板上，应该在克服短板的同时，让长处无限发挥，这样，才是从失败中找到希望的举动。

“学习失败”的林肯

【名人典范】

美国历史上有一位伟大的总统，他结束了美国南北战争，废除了惨绝人寰的奴隶制度，维护了美国的统一，避免了生灵涂炭。他就是美国第16任总统，也是首位共和党总统——亚伯拉罕·林肯。

亚伯拉罕·林肯能够成为总统，并非常人所了解的那种“官路”顺畅，他的成功之路异常艰辛，可他却踩着一次次失败一路走来，实在令人钦佩。林肯的一生，其实是一个学习失败的过程。他的一生失败了无数次，但他的每一次成功都不同凡响。

林肯出生在一个贫苦家庭，为了生计，他很小就帮助家里砍柴、提水、务农等。然而，命运却在林肯9岁的时候给了他更加沉重的打击。那一年，林肯的母亲去世了，在无尽的悲痛中，林肯慢慢地长大了。

年轻的林肯在18岁的时候，好不容易找到了一份工作，可没过几年，林肯便失业了。在这段打工期间，他读了很多书，尤其喜欢历史。失业后，他决定要当政治家，当一位州议员。可是，第一次竞选州议员他就失败了。

考虑到以后的生活，他开始着手开办企业。不到一年，企业倒闭了。他又一次尝到了失败的滋味。

接着,他向朋友借钱,打算再度经商。可是,满怀欣喜的他还没有在商海起航,就在年底破产了。随后,他又开始竞选州议员,这次他竟然成功了。乐观的林肯仿佛看到了人生的希望,他有了勇气。

在稳定的政治生涯中, 林肯迎来了人生的第一次圆满——26 岁的林肯订婚了。可是,在距离结婚几个月的时候,未婚妻突然不幸离开了人世。回首往事,林肯心力交瘁,爱人去世的打击对于他来说实在是太大了。他因此数月卧床不起,人生也进入了比以往更黑暗的时期。

两年后,林肯觉得人生还应该继续,毕竟自己还很年轻。于是,他开始争取成为州议员发言人,但是没有成功。又过了一个两年,他被选为选举人,可是在最后的竞选中,他依旧失败了。

1843 年,34 岁的他又开始参加竞选美国国会议员。就如当初竞选州议员一样,他仍旧没有成功。他一次次尝试,一次次失败。就这样,又过去了 3 年。在 37 岁的时候,他终于当选了,只是,美国国会议员一届只能任命两年。也就是说,两年后如果不能连任,就意味着失业。

命运之神似乎还没有打磨够林肯,于是很自然地,39 岁的林肯在寻求连任的时候失败了。没有工作的他,去申请当本州的土地局长,可州政府却退回了他的申请,原因是:州政府认为他没有卓越的才能和超常的智力。此时的林肯已 40 岁,却依然没有一份像样的工作。

试想一下,当我们 40 岁还没有稳定工作的时候,我们会怎么想?我们肯定觉得人生无法再见光明了,都会觉得自己的人生已经如此,是没有任何希望了。然而,善于和惯于从失败中爬起来的林肯,却是很乐观的,他不愿服输。于是,他又开始了自己的竞选之路。

他先竞选了参议员,落选了;后竞选副总统,提名得票不足 100 张。就这样,直到 49 岁,他竞选参议员依然没有成功。可他还是不罢休,始终坚持着自己的信仰, 坚持着参加竞选。他一直跟着自己的内心生活,做着自己世界的主宰。

1860 年,已经 51 岁的他当选美国总统。在失败了一生以后,林肯终于成功了。

林肯在任期间,为美国做出了巨大的贡献。他签署了《宅地法》,使得每一个农民都拥有了自己的土地, 也因此, 他得到了广大农民的尊敬。之后，他又亲自起草了《解放黑人奴隶宣言》草案，被解放的黑奴纷纷加入了林肯的军队，并踊跃地参与到了南北战争中。由于这些数量庞大的且身强力壮的黑人的加入，直接加速了战争的进程。林肯，因此取得了南北战争的胜利，维护了国家的统一。

【故事小结】

林肯曾经说过："你们可以把我的头颅烧成灰，把灰撒到风中，也可以把我的灵魂放逐到黑暗和绝望中去，让它永远受苦。然而，你们却无法强迫我同意我认为不对的事情，因为我一生只为正义和真理而战。"

林肯一生只成功了为数不多的两三次，但是乐观坚强的他却从来没有服输过。他尝试了无数次的失败，却从无数次失败中总结了教训。纵然痛苦过、迷惘过，但他从来没有放弃过。正是这种既难得又可贵的精神，使得他即使到达了人生的巅峰，却依然保持着自己优良的品质。

年轻的我们，也许正处于困境中，也许正遭受着挫折和失败，也许还在迷惘和不知所措。可不管我们处于怎样的困境，我们应该都没有林肯遇到的失败多，所以我们更应该勇敢地面对困境，努力朝着积极的方向前进，永不放弃，永不止步！

面对失败

坦然微笑的桑兰

【名人典范】

1998年7月21日之前，桑兰还是个在体操赛场上自由飞翔的女孩儿，可遗憾的是，在第四届美国友好运动会的体操赛场上，她却在练习中不慎受伤而结束了自己的体操生涯。

17岁的她，就要远离自己热爱的舞台，这对任何人来说无异于一次毁灭性的打击。可是桑兰，面对人生给予的打击，面对自己这次人生中最大的失败，却依然微笑着，她没有抱怨，而是坦然地面对一切。

她的伤势很重，第五到七颈椎呈开放性、粉碎性骨折，75%错位，中枢神经严重损伤，双手和胸以下失去知觉。如此重伤，让大家都极为忧心，体操协会将桑兰送到美国纽约市区最著名的蒙赛耐康复中心。在那里，她接受着最佳治疗。同时，体操协会很多成员都陪在她的身边，而美国相关官员，甚至普通百姓，也都曾前去探望。

或许是为了不让这么多关心自己的人过于担心，桑兰自手术醒来后，没有落一滴泪，她看着所有关心她的人的眼神，还是那般坚忍而温和，她用微笑传递给身边人积极的力量。

等身体状况稍稍稳定后，桑兰回到了祖国。在中国康复研究中心接受康复治疗那段时间，对桑兰本人的意志力是一个巨大的挑战。来自身体的痛苦，常常让她无法忍受，可她还是咬牙坚持着。而更难忍的是心灵上的伤痛，这远远超过身体承受的损伤。只是，坚强的她、坦然面对不幸的她，不屈不挠，从不言败，她积极地配合治疗。

终于，她凭借着自己身上那股不服输的劲头，战胜了伤痛。她慢慢地可以把轮椅摇出很远的距离，且生活自理能力也得以提升。

当然，无论她怎样努力，都无法再回到体操赛场上，但是作为一个高位截瘫的人，她却能以更饱满的姿态顽强地面对新的人生。

她与正常人一样，对生活充满了希望。她开始学习英语，慢慢地练习操作电脑，毕竟她才十几岁，人生的路还很长。也许正是认识到这一点，认识到自己还是生活的强者，所以她从未放弃与命运抗争。

慢慢地，她开始变得更优于常人了。凭借着自己的努力，她成为清华大学附属中学的学生，她也开始了真正属于自己的花季，而那些必学的数学、语文、英语等科目，对原来对此并不在行的她来说，也不是难比登天。

当她的身体慢慢恢复到一个更新的阶段后，她内心的纯良也一并发挥了出来：她把社会捐赠给她的昂贵的康复器材以及各种残疾人生活用品，全部转赠于北京博爱医院，以及那些更需要、更困难的残疾患者。更让人欣喜的是她逐渐蜕变成了“人道主义慈善大使”，前往祖国各地，她希望把自己的精神传遍祖国，让那些曾对生命失去希望的人重燃斗志。

她曾在上海点燃了中国第五届残疾人运动会的火炬；曾在深圳与施瓦辛格一起为智残儿童募捐……桑兰用自己的行动和精神感染着每一个人，甚至一个服刑犯曾给她来信，而一个不务正业的青年也曾到病床前看望她，对于他们，桑兰回应的永远是自己的热忱和那充满真诚的微笑。

花季少女，用自己的一举一动，一点一滴感染着、改变着身边的人。后来，曾有一位著名作家问桑兰：“永远有多远？”阳光积极的桑兰，用自己的人生经历做了最完美的回答：“生命永远，微笑永远……”

【故事小结】

意外就那么发生在这个花季少女的身上，甚至没有一点预警，让她去承受本不该她这个年龄承受的痛苦和心理折磨。让人震惊的是，这个看上去弱不禁风的女孩儿默默地承受了这一切，以一个超乎常人想象的强大内心，接受了眼前的现实。更重要的是，她不曾逃避，不曾埋怨，反而坚强面对人生中的巨大挫折。终于，她成为生命的胜者，成为让人敬佩之人，而她的精神，也自会永存。

我们应该迅速着眼当下，从现在做起，去扭转思维，去触碰磨难，去历练自己。终有一天，我们自会从人生的段段经历中磨出成功的品格，以收获属于我们自己的璀璨人生。

卧薪尝胆的勾践

【名人典范】

公元前496年，吴国被越国打败，吴王亦是身受重伤。临终前，他把儿子夫差叫到身边，告诉他日后务必要为自己报仇雪恨。夫差谨记父亲的话，日夜操练兵马，准备在合适的时机与越王勾践一决雌雄。

转眼两年过去了，吴王夫差终于逮到了机会，将越王勾践击败。勾践退到了会稽山，曾一度想自刎，可被谋臣文仲制止。觉得无颜活在人世的勾践，其实也希望一雪前耻，于是对三军将士说："凡是我父辈兄弟和同姓弟兄，只要有能够帮助我出谋划策打败吴国的，我将和他共同管理越国的政事。"

大夫文仲见状，说："我听说，商人夏天的时候就准备皮货，冬天的时候就准备细葛布。天旱的时候就准备船，有大水的时候就准备车辆，就是打算在缺少这些东西的时候派上用场。即使没有被四邻侵扰的时候，然而谋臣与武士，不可不选拔出来供养他们。就像蓑笠一样，雨已经下来了，肯定要到处找。现在君王您已经退守到会稽山上了，才寻求出谋划策的大臣，恐怕太迟了吧？"

勾践一听，回应道："如果能够让我听听您的高见，又有什么晚的呢？"就这样，文仲为他出了一个计策：即贿赂吴国大臣伯嚭，之后让他打开一条可以见到吴王夫差的方便之门。如此，便可以送上美女西施，暂时稳住他。

事情进展得很顺利，吴王夫差最终接收了西施，而且没有杀勾践。大臣伍子胥见状，奉劝夫差不要有妇人之仁，因为勾践深谋远虑，范蠡和文仲又精明能干，迟早有一天会成为吴国大患。可是，已经打败勾践的夫差认为勾践不足为惧，加上很看重西施，于是没听伍子胥的话，并把军队撤离了赵国。只是，勾践一家人和文仲他们，必须也到吴国去服侍夫差。

就这样，吴王夫差毫不察觉地，相当于把一只猛虎养在了自己身边。而勾践，终日也只是耕田种菜，挑水挑粪，一副胸无大志的样子。

一次，夫差突然害病，勾践听说后，便赶到夫差的房间。询问一番后，打开便盆，先是看了看夫差粪便的颜色，然后又闻了闻，最后居然拿起一块尝了尝。之后，他告诉夫差，没有大碍，很快就会好起来。其实，在这之前，勾践曾从范蠡那里学过点医术，所以懂得以大便分辨病症。

夫差很惊讶于勾践的举动，很受感动。最终，他放勾践回国了。三年的时间，勾践终于以自己"忍辱偷生"的本事熬了过来。

回到越国后，勾践发愤图强，时刻不忘自己在吴国所受的屈辱。为了不让自己过得安逸，他枕着兵器睡在稻草里，更在房梁上吊着一只苦胆，每天早上起来都会尝一尝，告诫自己不要忘记那种苦痛。

同时，他会亲自到田里与农夫们一起劳作。就这样，勾践励精图治，利用十年的时间，终于让越国慢慢强大起来。而他，也因为能够与民共苦，受到了百姓的拥戴。此时的越国，上下一心。

而吴国呢？夫差终日沉浸在声色犬马中，早已丧失了斗志，也没把勾践这个手下败将放在眼里。更要命的是，他居然听信伯嚭的谗言，杀了忠臣伍子胥。此时的吴国，已日薄西山。

公元前 482 年，夫差率军北上，与晋国一争诸侯盟主之位。勾践看准机会，趁着夫差调兵离吴，偷袭吴国，杀了太子友。夫差闻讯，急忙赶回吴国，并向勾践求和。当时，越国虽然已经恢复了实力，可尚且不能一下子吞了吴国，于是勾践同意求和。

几年后，勾践再次攻吴，夫差故伎重施，还指望着求和。可是这一次，勾践觉得时机已经成熟，遂拒绝了夫差的请求。此时的夫差，方才如梦初醒，后悔当日没听伍子胥的话，于是拔剑自刎。如此，勾践以“卧薪尝胆”之法，灭了吴国。

【故事小结】

世间万事就是如此，对任何人都是公平的。倘若夫差在击败勾践之后能有一个明智之举，就不至于国灭己亡了。而上天的公平性也就体现在这里，它会给每个人机会，差别就在于能否抓住。

事实上，勾践自被夫差所败之后，日后的整个过程都在“卧薪尝胆”，都在积蓄能量，等待着厚积薄发。首战他虽然失败了，甚至有了自杀的念头，但终而“天不亡他”。而他也踩着失败，在其上慢慢建立起了达到成功所需要的一切条件。

联想到我们自身，勾践“卧薪尝胆”揭示出的主旨再简单不过，即不畏惧失败，且要欣然面对失败，从失败中总结经验，找出自身短处，予以弥补。当然，这会是个漫长的过程，因为弥补自身的过程，其实就是走向成功的过程，而走向成功，自然并非一朝一夕。

年轻的我们，有足够的承受失败的资本，可也不能因此而轻视重新站起来的重要性，不能总认为还有时间。一旦懒散惯了，失败惯了，我们也许就不期待成功了。

不依靠
父亲的小仲马

【名人典范】

蜚声文坛的大仲马，曾以名著《基督山伯爵》步入了上流社会。而令人称奇的是，他的儿子小仲马，也一样以一部惊世之作《茶花女》闻名遐迩。一门两父子，皆为文学巨匠，实在令人惊叹。只是，在这惊叹的背后，却藏着一段令闻者敬佩的故事。

小仲马是大仲马与一个女裁缝所生，他出生于法国巴黎。当大仲马成名之后，便终日出入于上流社会，故此将小仲马母子抛弃。直到小仲马七岁时，大仲马才在法律上承认了这个儿子，可对于他的母亲，大仲马却始终不认为那是自己的妻子。

整整七年时间，小仲马在没有父爱的环境中长大，这也练就了他倔强、顽强的性格。他遭受过无数的白眼和冷漠对待，可他并未对人生丧失信心，依旧艰难地前行着。

或许是因为遗传的关系，小仲马也走上了写作之路。只是，他的天赋在某些人看来远不及父亲大仲马。

一次，大仲马了解到儿子寄出去的稿子总是遭到退稿，便对他说："如果你能在寄稿时，随稿给编辑先生们附上一封信，注明自己是大仲马的儿子，或许情况可以得到改观。"

听了父亲的话，小仲马固执又倔强地说："不，我不想坐在您的肩膀上摘苹果，那样摘来的苹果没味道。"小仲马就是这样，他不指望着借助父亲的声明走出一条光明之路，他希望凭借自己的努力，踩着失败一路向前。

为了在这方面跟父亲“撇清关系”，他为自己取了很多其他姓氏的名字，以免那些编辑把自己与父亲联系起来。而他这样做的结果，就是收到一张又一张退稿签。不过，他并不气馁，也不觉得这是失败，每次收到退稿签，他只会在心里告诉自己要加倍努力。

1847 年，历经多年的磨砺，小仲马终于写出了长篇小说《茶花女》。这篇构思精妙、笔墨不凡的小说让一位资深编辑十分震惊，这位编辑与大仲马多年保持书信往来，于是他推断可能是大仲马以另外的笔名而作，因投稿地址与大仲马的一样。

只是，经过仔细比对，这位编辑发现这篇小说的风格与大仲马完全不同。为了一探究竟，这位编辑亲自登门找大仲马求证。结果令他很吃惊，原来这篇小说的作者居然是大仲马的儿子小仲马。

编辑问：“您为什么不在作品上署上自己的真姓名呢？”

小仲马说：“我只想让大家了解我的写作实力。”

很快，《茶花女》得以出版，随即在法国文坛掀起一片热浪，众多书评家一致认为该作品的价值远超大仲马的代表作《基督山伯爵》。随即，小仲马声名鹊起，而其作品也疯狂售卖。

大仲马临终前曾深深地感叹：“我从我的梦想中汲取题材，我的儿子从现实中汲取题材；我闭着眼睛写作，我的儿子睁着眼睛写作；我绘画，他照相。我这一生，最得意的作品就是小仲马。”

小仲马终于成功了，更重要的是，他是从一步步的失败中走向成功的，且关键点还在于，他并未依靠那个已经成名的父亲，单凭自己的努力得到了他人的认可。

【故事小结】

在这个世界上，总有些人能够做出惊世骇俗之事，他们也未曾凭借多么优越和完善的客观条件，只是靠着个人努力获取了一切。是的，小仲马是成功的，他的成功在于没有依靠父辈的名气，从一次次的失败中锤炼了自己，从生活的点滴中觅得灵感，继而写出旷世之作。

任何一种成功，都来之不易，而其背后，也总隐藏着旁人难见的制胜因素。不过，值得一提的是，往往那些因素并不是很难具备的，甚至那仅仅是简单到人人皆可具备的因素，只不过有心人懂得利用，懂得积累，也善于积累，从而自量变达到了质变。

生活中的我们，也未必没有走向成功的潜质。如果细数哪些因素可以促成成功，最常见的可能就是：勤奋、胆识、诚信、交际、细节、机遇等，想想这些因素，其实并不是需要登天之力才能具备的，可为什么成功者寥寥无几？原因就在于，更多人只掌握了“皮毛”，或者说，并未积累到一定的“量”，故此也就难以到“质”的程度了。

由此可见，年轻而富有朝气的我们，无需困顿于自己暂时达不到某种程度，毕竟时间的叠加还未到一定程度。而关键点还在于，我们是否真的朝着既定目标努力，且遭遇挫折不言放弃？

被辞退18次的莎莉·拉菲尔

【名人典范】

莎莉·拉菲尔，美国著名电台广播员。她能做到这个职位，与她永不言弃的性格密不可分。

最初，她希望到美国大陆无线电台工作，可电台拒绝了她，理由是：她是一个女性，难以吸引听众。随后，她辗转至波多黎各，希望能碰上好运气。她不懂西班牙语，所以恶补了三年。可命运不停地捉弄她，在波多黎各，她最重要的一次采访，只是一家通讯社委托她到多米尼加共和国去采访暴乱，所有费用都要自理。

其后的岁月里，她就在找工作、被辞退，被辞退、找工作中变化着角色，很多电台都直接告诉她，她根本不知道主持是什么。

1981 年，她到纽约一家电台，本以为可以重新开始了，可很快被告知，她已经跟不上时代了。就这样，她待业了一年多。可即便如此，她也没放弃这项自己一开始就选定的事业。

一次，她做了一个节目策划，推销对象是国家广播公司。原本，该公司的一位职员很有兴趣，可不幸的是，这人后来离开了公司。等她再去找该公司另一个职员时，那人对此并不感兴趣。莎莉·拉菲尔没放弃，找到第三个职员。这次，那人同意了，只是，他不愿做访谈节目，而希望她能做政治节目。

莎莉·拉菲尔对政治一窍不通，可她不想放弃机会，于是恶补政治知识。1982 年，由莎莉•拉菲尔主持的政治节目开播了，她言谈平易近人，加之技巧熟练，节目很受欢迎，她也因为此节目而一举成名。

在莎莉•拉菲尔 30 年的职业生涯中，她曾被辞退 18 次，但这些都没有击垮她内心执着的梦想。后来，莎莉•拉菲尔成为自办电视节目的主持人，在美国、加拿大和英国，每天有 800 万听众收看她的节目，她成功了！

【故事小结】

莎莉•拉斐尔曾说："我遭人辞退了 18 次，本来大有可能被这些遭遇所吓退，做不成我想做的事情，但我绝不放弃自己的希望，一直坚持到最后，所以今天我能幸运地成为一名著名主持人。"

是啊，"坚持到底就是胜利"这句话，已经被我们说得熟烂，我们也听得不耐烦了，可一个个事实却依然在见证着这句话。往往在我们坚持不下去的时候，那其实就是成功曙光即将到来的征兆。越是艰难的时候，就越要顶住，而结果也必然令我们欣喜若狂。

作为青少年，其实有大把的时间去"犯错"，犯错的过程，就是积累经验，一步步走向成功的过程。因此，遇到困难时，我们不应畏惧，而应庆幸，庆幸自己遇到而别人没遇到，这就会让我们比他人更有机会掌握另一种奔向成功的动力。因此，不畏艰难、果敢向前、永不言败，对年轻的我们而言，是最易获得，也同样最易缺失的品格。

几度倒下的梅西

【名人典范】

梅西是美国百货大王，而“梅西百货”在2012年财富世界500强排行榜上，排名第417位。

当然，任何一份成就的背后都有一段艰辛的历程，梅西也不例外。1882年出生于波士顿的他，少年时曾出海。后来开了一间规模很小的杂货铺，主要售卖针线等小物件。但好景不长，没支撑多长时间，他的小店就关门了。一年之后，梅西重整旗鼓，再度开设杂货铺，可结果仍以惨败收场。

那时，正值淘金热席卷美国，梅西看准时机，便在加利福尼亚开设了一个小饭馆。按照他的设想，淘金者们腰缠万贯以后，自己的小饭馆必定是稳赚不赔的。可是，让他做梦也想不到的是，大多数淘金者都无功而返，没有购买力，如此一来，他的小店又走上了倒闭之路。

离开加利福尼亚后，梅西回到了马萨诸塞州，信心满满地做起了布匹服装生意。这次，较之以前几次的境况更差，他不仅仅是赔本，甚至彻底破产了。这对他造成了不小的打击。

可是，坚强的梅西还不肯认输，认准了服装生意。他去新英格兰，在那里重新开始。这次，好像上帝被他的诚意所感动了，他的小生意居然有了起色，甚至能把生意做到了街上开店。虽然第一天开张，他的账面仅收入了11.08美元，可这对他来说却是莫大的鼓舞。

此后，梅西似乎找到了做生意的窍门，生意越做越大，终于将他的“梅西百货”做成了世界知名的商店。

【故事小结】

挫折、磨难、不幸，甚至是失败，在我们的成长中如影随形，我们只要一转身，就可与它们不期而遇。只是，在与它们遭遇时，我们究竟是转身就跑，采取逃避的态度，还是迎难而上，以积极的心态去面对？

一个拳击运动员曾说：“当你的左眼被打伤时，右眼还得睁得大大的，才能够看清敌人，也才能够有机会还手。如果右眼同时闭上，那么不但右眼要挨拳，恐怕连命也难保！”

拳击是如此，我们面对生活中的困难和失败也应如此。逃避是懦弱的表现，也是解决不了问题的，只有迎难而上，凭靠着挫折而生出越战越勇之心，才能最终把失败抛在身后，微笑地面对成功。

第五辑

成功需要方向

邓亚萍为得奥运冠军矢志不渝

为了拯救黎民百姓而学艺的岳飞

从小立志当总统的施瓦辛格

苏格拉底“绝处求生”论

巴拉斯的跳高奇迹

在北斗星的指引下走出沙漠的阿古特尔

想当世界知名服装设计师的皮尔·卡丹

邓亚萍

为得奥运冠军矢志不渝

【名人典范】

邓亚萍自幼受父亲的熏陶，对乒乓球表现出特别的喜爱。小时候，她常常缠着父亲传授她球技，听父亲讲一些成功人士的经历和故事，这一切都深深地影响着邓亚萍。曾经有一次，她好奇地问父亲："如果拿到世界冠军，是不是就是世界上最厉害的乒乓球员？"父亲答："是的，只要你努力，相信你也可以。"邓亚萍牢牢地记住父亲的话，励志要拿到世界冠军，做世界上最厉害的乒乓球员。

从此以后，邓亚萍就跟着父亲去不同的地方练习乒乓球，先是在俱乐部找不同的对手打，她每一次都要力争第一，如果因为失误而输球，就会一个人站在一边不停地反思，寝食难安，且一定要总结出输在哪里才肯罢休。第二天，她会再去找对手比试，直到赢了为止。

看着这样要强的邓亚萍，父亲总是劝她要收敛一下倔强的脾气，第一固然重要，但更重要的是思考。慢慢地，邓亚萍学会了冷静地处理输球的问题，球技也随之稳稳地提升。

为了日后能得世界冠军，邓亚萍为自己列出了一个初步的规划，首先要进省队，然后才能进国家队，只有这样才能为自己赢得参加奥运会的资格，继而才能实现自己的梦想。

于是，她积累了大量打乒乓球的经验。那年正赶上省队招生，她鼓足勇气为自己报了名。可天不遂人愿，因为邓亚萍的身材娇小，身高受到了限制，故此被省队的教练拒之门外。

这次打击让邓亚萍心灰意冷，她哭着问父亲："是不是以后我都没有资格去得世界冠军了？"父亲安慰她说："孩子，这只是成长的一次历练，虽然身高受到了限制，但只要你坚持走下去，把球技练到无人能与你匹敌的地步，也许一切问题都会迎刃而解了。"父亲的教导让邓亚萍重拾了信心，以后她遇到再大的困难都没有退缩过。

1983 年，凭借着自身的实力和超出同龄人的球技，邓亚萍进入了郑州乒乓球队。在这支球队里，云集了众多年龄相仿的出色小对手，这使得邓亚萍在每一次练习中都大开眼界，从中学到了不少过去没接触过的技术，也总结了很多失败的教训，吸取了打乒乓球的必赢秘诀，这为她日后的成功奠定了良好的基础。

通过 3 年的刻苦训练和坚持不懈地对球技的钻研，邓亚萍终于等来了她冠军旅途中的第一个春天。1986 年，在郑州举行的全国乒乓球锦标赛上，邓亚萍脱颖而出，过五关斩六将，打败了一个又一个来自全国各地的优秀对手，最终成为此次比赛的冠军。

此后，邓亚萍这个名字就逐渐走进了乒坛。一年后，这个身高只有 1.5 米的小姑娘，就凭借着自己超凡的球技成功进入了国家青年队，开始了更为正规的训练。在此期间，她随教练参加了各种比赛，最终都以优异的成绩夺魁。

1992 年巴塞罗那奥运会，彻底成就了邓亚萍的梦想。在女子单打的比赛中，她用智慧和球技超越了对手，终于站在了世界冠军的领奖台上，成为家喻户晓的球星。

【故事小结】

邓亚萍在年幼之时，就为自己立下了冠军的誓言，在多年的努力中，也一直在为自己的这个理想而奋斗着，她能有这样的坚持，来源于她为自己选好的方向。

一个人的梦想，并不应该是空旷而简单的座右铭，它需要方向的导航，带领着我们不断地向梦想的终点靠近。

在森林中探险的人，总会随身携带一个指南针，为的就是让自己更加清楚地辨别方向，不至于迷路。成功也是一样，也需要明确自己的方向，如此，每一次才能离理想更近。

生活中，很多人都是迷茫的，虽然有着不同的梦想，但总是找不到梦想的突破口，结果只能把梦想当作一种空谈，继而使梦想成了一个不切实际的假话。随着时间的推移，梦想只能被遗失，成为永远的梦。

邓亚萍在追梦的日子里，也受到过挫折和打击，身材矮小让她被迫走了不少弯路，但是她心中的方向是明确的，无论走哪条路，最终的结果都是要通向世界冠军的宝座。尽管绕道而行，费时费力，可终获成功时，那一切对她而言都是值得的。

为了拯救

黎民百姓而学艺的岳飞

【名人典范】

岳飞是我国历史上著名的杰出将领。小时候，有一次家乡遭遇洪灾，洪水冲垮了整个村庄，虽然他和母亲有幸逃生，但最终无家可归。岳飞和母亲被洪水逼到另一个陌生的城镇，为了生存，母亲靠做零活儿糊口，几经磨难才得以安家。

由于岳飞年幼，生活只靠母亲一人维持，日子过得非常艰苦。那时，国家边关战火不断，每次岳飞和母亲在田里劳作时，都会遇到前来讨饭的遇难同胞。在这样的生活下，岳飞饱尝艰辛，目睹了穷苦百姓流离失所的艰难，因此，他立志要博览群书、练就武艺，当一位将军，率领千军万马抵抗强敌，保家卫国，为百姓的安居乐业而战。

从此以后，岳飞每天都读书至深夜，先是学习《诗经》，从中领悟做人的道理，后是熟读兵法，从中吸取战术经验。但是，无论在书上看到多少兵法战术，都不如身临其境地从学习武艺来得实际，因此岳飞每天都期待着能有位师傅指导他。

一天，镇上真的来了一位高人，武艺高强，从不欺善，路见不平，拔刀相助，面对恶势力从不妥协，故此备受当地百姓的拥护。岳飞听说后，就跑去找他拜师学艺。那位高人听了岳飞要学武艺的理由之后，觉得岳飞是个有志气的孩子，将来必成大业，于是欣然接受了他的请求。

就这样，岳飞有了学习武艺的机会。他不怕吃苦，加之悟性又高，所以武艺进展速度非常快。短短的几年时间里，他就熟练掌握了各种基本功，还学会了师傅传授的射箭功夫。方圆几百里，几乎无人敢与岳飞较量。

此时，已经成年的岳飞整日都在等待一次上阵杀敌的机会。不久之后，从边关传来了战争的消息，当时的军队伤亡惨重，于是国家开始了又一轮的征兵。岳飞听说后，报名参了军，他多年等待的机会终于来了。

参军以后，由于岳飞作战英勇，不畏强敌，击退敌军，职位屡屡晋升。几年之后，他终于当上了将军，为流离失所的百姓打下了一片净土，兑现了自己少年时的承诺。

【故事小结】

岳飞从小就显示出了将军般的魄力和气度，还有为官之人要具备的善良，他看到百姓流离失所，目睹了战争的残酷，故此立志要当将军，以拯救贫苦的百姓。正因为他有这样一个促使自己努力的理由，才使自己有了更加明确的努力方向。

很多时候，一个人为自己选择梦想，一定要想想自己为什么要选择这个梦想，总要为自己的梦想找一个坚持的理由。如果只是一时兴起，或随波逐流地许愿，那样的梦想只能归属于迷茫，因为那缺少了支持它的动力，而没了动力，方向就会模糊，所有的一切只能以失败而告终。

为自己的梦想找一个合理的理由，应像岳飞一样，让那种理由鞭策自己走完未来的每一步。选好方向，等于成功的一半，岳飞选择了金戈铁马，选择大战沙场、精忠报国，他无怨无悔，这都因心中的成功方向在指引着他前行。

作为一个在成功道路上摸索前进的人，我们更要掌握前进的动力和方向，这样才能让自己的人生演绎出不一样的精彩，才可在有限的生命中按拟定的计划行事，以走好未来的每一步，将成功变为触手可及的现实。

从小立志当总统的
施瓦辛格

【名人典范】

施瓦辛格年少时曾经在自己的日记中写道：长大后要当上美国总统。为了这个梦想，他开始了一系列的努力。

四十多年前，他还是一个身居奥地利的穷小子，为了完成自己宏伟的梦想，长大后他一个人来到美国。为了能在美国立足，他先是突破了语言障碍，可由于学历、资历等诸多限制，他能从事的工作很少，而找一份可以帮助他向总统梦迈进一步的职业就更是困难。经过一番深思熟虑，最终他决心到南加州拜师练习健美。一次意外的机会，让他得到了健身界“教父”维德尔的赏识，这才令其有机会将才能施展。

练习健美期间，他从不怕吃苦、受累，每天坚持练习 6 个小时，直到动作达到标准才满意。就这样，他坚持练习了几年后，终于获得了国际级的“健美先生”称号，一时间声名大噪，成了美国健美界的焦点人物。后来，因为年龄的限制，施瓦辛格成功退役，而他也成为健美界一个永恒的传奇。

退役后的施瓦辛格开始大量地撰写健身书籍，并投资房地产，为自己囤积财富。在他拥有了价值 20 万美金的豪华别墅，开上名车之后，毅然决然地选择了进军好莱坞。他希望能成为好莱坞知名演员，只有这样才可能接触到上层人物，当总统的梦才能更快实现。

在好莱坞，他依然凭借自己健美的身材和百折不挠的顽强意志，赢得了大众的瞩目，他的名字也再次响彻世界。就在他事业如日中天之时，相恋9年的女友的家庭终于接纳了他，而他的女友就是肯尼迪总统的侄女。由此，他终于走上了上层社会的阶梯。

后期，在万事俱备下，施瓦辛格于2003年成功当选为美国加州州长。

【故事小结】

施瓦辛格从小就为自己制定了明确的人生目标和成功方向，为了能够当上美国总统，他绞尽了脑汁，并设法激发自己全部的潜能，他每走的一步都是按照规划好的在稳步行进着。这显现出了他异于常人的规划能力，也因为有了这样的过人之处，才会有他日后的成功。

当然，为成功选择方向是十分重要的，但也不要将自己困在那个固定的模式中，要学会变通，随着周围事物的变化而变化，只要最终的理想不变，其余的条件则要根据事态的发展而定。

身在校园的我们，自然无需刻意地模仿施瓦辛格，为自己每一步都提前规划得有板有眼，可我们应该效仿他的这种做法，如此才能让自己未来的发展有条不紊地进行。

在某种程度上讲，施瓦辛格是幸运的，而生活中的我们却未必能与他一样幸运，所以我们只能做好计划、选定方向，而后义无反顾。

很多时候，成功的方向就像沙漠里的绿洲，为人生不一样的明天带来美妙绝伦的希望之色。如果选择错了成功的方向，那么人生就像是遭遇了阴霾一样，很难走出那层迷雾之境，更不可能遇见光明。

因此，在制订好的计划下，明确自己的成功之路，在走向成功的过程中百折不挠，我们方能收获完美品格，品格的具备，则会推动我们走向成功。

苏格拉底

“绝处求生”论

【名人典范】

古希腊有一位著名的哲学家，名叫苏格拉底。苏格拉底用大半生的时间见证了雅典民主制度由鼎盛到衰败的过程。雅典民主制度衰败以后，人性丑陋的一面浮出水面，唯利是图、道德败坏这一系列丑恶本质，腐蚀了整个民族的灵魂，将原本繁荣的社会推向了濒临灭亡的死地。而此时，又传来了雅典与斯巴达战争失败的消息，这一切都深深地印刻在了苏格拉底的脑海里。

那时，年轻的苏格拉底看着自己祖国的衰败痛心疾首，于是下定决心，尽自己的一份力量去挽救自己的国家。为此他英勇地参军了，并且在多次战斗中表现出了机智勇敢。他每次身临险境的时候，都会绝处逢生般地找到新的希望，他还曾多次救过战友的命。正是因为这些作战经验，苏格拉底总结出了“绝处求生”的哲理，这为日后他从事教育事业打下了基础。

对外抗战结束后，苏格拉底选择退伍返乡。他想到，要挽救国家只靠武力是没有用的，关键要从国人的整体观念和素质上入手，于是，他彻底投身教育界，开始了他传授哲理和美德的职业生涯。

在此期间，无论什么人前来拜访请教，他都会不索取任何报酬无条件指点。在苏格拉底的哲学观念中，广为流传的就是他的"绝处求生"论。

曾经有一个年轻人，无论做什么都觉得没有希望，也找不到希望，似乎一切都失去了存在的意义。他找到了苏格拉底，希望他能为自己指点迷津，以哲学的理论助其改变现状。

听了他的情况之后，苏格拉底一言不发。突然他将这个年轻人推到河水中。一开始，年轻人还以为苏格拉底是在和他开玩笑，不料苏格拉底也跳入河水中，还用力地把年轻人往河水里按。这时，年轻人才如临大敌地开始反抗，他拼命地挣脱了苏格拉底的攻击，用力游到岸边。

上岸后，他不解地问苏格拉底为什么要这样做，苏格拉底告诉他："做什么事情都必须要把自己逼到绝境，才能找到希望，成功需要的是一个努力的起点和方向，就像人在面临生命危机的时刻会展现出超乎想象的力量一样。"

苏格拉底的话让年轻人很受启迪，而年轻人最终也的确为自己的困惑找到了答案。这件事情被传为一段发人深省的哲学故事。

【故事小结】

苏格拉底用自己多年总结出的"绝处求生"论，指点了很多迷茫中的人们，他的行为可能略有些偏激，但是往往只有这样，才能将一个人的潜能激发出来，只有潜能得到发展，正确的方向才能随之出现。

在我们周围，很多人都像请教苏格拉底的年轻人一样，对于生活总是迷茫而失去方向，觉得做什么似乎都没有希望，而越是有这样的心理预想，就越觉得自己对什么事都不感兴趣，无论是难题还是简单的问题，也就都不愿再去寻找答案了。显然，这种现实必然会导致失败。而造成这种事实的本身，主要在于我们自身处于一种安逸的环境中，所以根本就没有外界因素来激发我们的潜能，如此，我们又怎能不失去斗志呢？

一个人，只有身临险境，把自己置于生死攸关的时刻，才能逼迫自己找出一线生机，就像那个年轻人，因为感觉到苏格拉底想要置他于死地，所以才奋力挣扎，游回岸上。而在苏格拉底没有按他之前，尽管他已经掉入了河水中，却还是不紧不慢的。人往往就是这样，需要逼自己一次，否则连自己都不知道还有多少能力没发挥出来。

当你感觉周围的一切都没有意义的时候，当你觉得自己的梦想已经失去方向，一片黑暗的时候，不妨试一下将自己放在绝境中，让自己在迷茫中找到方向，也许最后你也会看到不一样的自己。而这时，相信你也将具备超于他人的品格。

巴拉斯的跳高奇迹

【名人典范】

被人们称为“女飞鹰”的巴拉斯，是世界著名的跳高运动员。巴拉斯还是孩子时，她的母亲就患有精神分裂症，父亲不务正业，终日酗酒，根本无心生活，偶尔回到家还会耍酒疯，痛打巴拉斯。因此，巴拉斯从没有受过良好的家庭教育，终日像男孩子一样奔跑在大街小巷，跟其他坏孩子混在一起，疯闹、打架，更严重的是还学会了偷盗。

虽然家庭不幸，但巴拉斯本人是幸运的，她 12 岁的时候认识了一位名叫威尔逊的跳高运动员。

一天，她随着威尔逊来到了操场上，看着威尔逊跳高。突然，巴拉斯望着威尔逊严肃地问：“威尔逊先生，我可以像您一样跳那么高，成为运动员吗？”威尔逊说：“当然可以，只要你为自己选好方向，定下目标，然后去努力，就一定能成为比我优秀的运动员。”巴拉斯又问：“可是我的家庭那样特殊，我很自卑，我真的能行吗？”威尔逊说：“你可以把每一次翻越的高度当成在挑战自己艰难的生活，这样你就有了动力，一切就都不是问题了。”

话音刚落，威尔逊就支起了一个一米高的栏杆让巴拉斯试跳，巴拉斯一下就跳了过去。后来威尔逊逐步把栏杆调高，直到调到 1.2 米的高度。令人意想不到的是，没受过任何训练的巴拉斯一下子就跳了过去。

以后的日子里，威尔逊就带着巴拉斯到不同的俱乐部练习跳高，其中还遇到了一些世界级的高手，他们都传授很多经验给巴拉斯，这使得她在跳高上得到了迅速提升。

在巴拉斯 19 岁时，她以 1.75 米的成绩首次打破了世界纪录。此时的她，改变了家庭的状况，更为自己的人生画上了亮丽的一笔。

【故事小结】

巴拉斯为了摆脱生活的压力和烦恼，选择了跳高，而每一次起跳，她都会把那个要翻越的目标看成自己的困难生活现状，于是每一次成功的翻越，都会让她觉得自己走出了家庭的阴影，因此，她才可能打破一个又一个纪录，终而成为大众眼中的“女飞鹰”。

巴拉斯的成功，靠的就是超越生活的希望和方向。我们每个人都会面临来自命运的挑战。当命运向我们宣战，把一切不公和打击强加于我们身上时，我们自然不能妥协，不能就此放弃成功的希望，而是要学习巴拉斯的精神，把每一次向成功靠近的距离都当成摆脱命运束缚，这样我们就能把人生不平等的标杆翻越，从而找到属于自己的成功方向。

每个人的梦想都不同，能力也各异，因此只要将自己的潜能发挥到极致，就可以让自己超越平庸，显示出超乎常人的品格，继而向成功迈进。

在北斗星的指引下走出沙漠的阿古特尔

【名人典范】

阿古特尔出生在撒哈拉沙漠中一个叫比赛尔的地方，那是一个既封闭又落后的地方，那里的人常年守着荒凉沙漠中仅有的绿洲生活着，祖祖辈辈都未曾离开过这个人烟稀少的地方。他们很想出去看看外面的世界，可是多次尝试之后都失败了。无论他们用什么样的方式，从任何不同的位置出发，最后还是回到了原点，多数的人都以为这就是命运，这就是属于他们该有的生活，无法走出这个沙漠的包围是命中注定的事实，只能认命。

一天，来了一位神奇的探险者，他的名字叫肯·莱文。来到这里之后，肯·莱文很诧异地问当地人为什么不走出去看看，当地的老百姓一五一十地说出了真相。肯·莱文得知真相以后，决定要用他们的行走方式，按照他们说的去试一试。

就这样，肯·莱文雇了一个比赛尔的当地人与他一同探路，这个人就是阿古特尔。他们带上了足够半个月吃的食物和水，背起了行囊，牵起沙漠中最好的交通工具——两匹骆驼，匆匆出发了。

在漫长的旅途中，肯·莱文由于不认识路，只能紧紧地跟随在阿古特尔的身后。就这样，他们没有方向地茫然前行着。转眼间，十几天的时间过去了，他们不仅没有走出沙漠，而且似乎一直在围着沙漠转圈，最后果真又回到了原点。

阿古特尔失望地告诉肯·莱文，他们这里的人都已经走过成千上万次了，都是这样的结果，要是再试下去也是徒劳。

肯·莱文一个人沉思了好久，他在想到底问题出在哪里。经过几番冥思苦想之后，突然豁然开朗，他想到了在沙漠中行走的时候自己根本就没带上任何辨别方向的工具，而他和阿古特尔也没有望星辨方向的举动，只是凭借自己的感觉匆忙地行走，最后，感觉只能把他们带回熟悉的起点。他想，如果这里的人认识北斗星，让北斗星帮助指引方向，也许就会走出这百年的疑惑。

于是，肯·莱文再次找来阿古特尔，将自己的想法告诉他，而阿古特尔则按照他所说的决定再走一次，他认为那肯定就会看到不一样的世界。

阿古特尔经过思量之后，便开始了自己的再次尝试。在肯·莱文离开比赛尔之后，阿古特尔又背起了行囊。这一次，他按照肯·莱文所传授的方法，用北斗星做方向盘，最终，他成功地走出了沙漠，也因此成为比赛尔人心中的英雄。

【故事小结】

阿古特尔能够成功地走出家乡的沙漠，缘自肯·莱文为他指引的方向，而这个方向就是让他走向成功的方向。

很多人都被困在原地而远离了成功，主要就是因为其失去了辨别方向的本能，就像比赛尔人一样，那么多人总是按照原有的模式试图走出沙漠，结果只能在原地打转。而在我们的生活中，这样的人也不在少数。

有时候，在我们追求成功的路上，很多人会迷失自我，不过暂时失去原有的方向是不足为奇的，因为每一个人的成功之路都会面临着不同的考验，只不过在失去方向的时候，要学会肯·莱文的冷静，先想想自己错在了哪里。不要像比赛尔人一样，一遍又一遍地走着原来的路线，徒劳无功地转悠，那最终只会让自己感到失望。

俗话说："条条大路通罗马。"成功也是如此，不是一定要走一条直线才能到达本该到达的目的地，恰恰相反，成功是需要变换方式才可实现的。很多时候，换个方式，辨别好了方向再走，才能摆脱原有的束缚，走出窘境。

因此，当你被困难缠绕得有些失望之时，当你失去了方向不知如何前行之时，就应该停下来，反思一下自己，总结出错误之处，继而辨别出成功之径，再昂首阔步地前行。

想当世界

知名服装设计师的皮尔·卡丹

【名人典范】

皮尔·卡丹很小的时候，家庭条件非常差，父母都没有一份稳定的工作，家中的生活很难维持。很多时候，吃饱已经是皮尔·卡丹最大的心愿了，他从不敢有其他的奢求。

13 岁时，因为家中生活实在难以维持，皮尔·卡丹被迫辍学。为了谋生，他只好来到一个裁缝店当学徒。而谁都想不到，就是这个学徒机会，让皮尔·卡丹开启了自己的成功之门。在不觉不知觉中，他迷恋上了服装设计，从那时起，他便在心中暗自立志要当一个世界级的服装设计师。

为了能实现自己的梦想，他每天即使吃不饱饭，也会坚持跑到各种剧院的舞台，或者站在商店不同的橱窗下欣赏所有他认为很美的服装，然后把这些服装的样式印在脑海里，回去之后尝试着自己去设计。后来，他听说很多有名的服装设计师都在巴黎，因此他特别想去巴黎拜师。

19 岁的时候，他带着自己的梦想，首次来到盼望已久的巴黎。这个繁华的都市吸引了他的眼球，他想，一定要在这里学到要学的本领才对得起自己。可是事与愿违，由于战争爆发，他被关进监狱，饱尝了生活的疾苦，命运的不公。但是，他没有放弃自己的梦想，每天依然坚持设计。在监狱的墙壁上、地上，他不停地画着各式各样存在于自己脑海中的服装款式。

两年后，他终于被释放了。走出监狱后，他又回到原来的城市，找了一个不起眼的服装店，开始了清苦的设计生活。由于他肯钻研，设计出的衣服很受人们的青睐，几年间就升到了高级设计师的位置。

皮尔•卡丹升为高级设计师之后，觉得自己已经有了足够的能力重返巴黎，他希望凭着自己的才能，在巴黎找一份像样的工作，边工作边学习。就这样，他来到了巴黎最好的服装店，从学徒做起，开始了新的服装设计生涯。

这个店里所有的设计师都非常出色，竞争也非常激烈，稍不努力就会被人取替。不过，正因为有了这样的工作环境，皮尔•卡丹更加勤奋努力了。由于他肯吃苦，又勤奋，很快就设计出了让人刮目相看的作品，并迅速升为这个店里名副其实的设计师。

皮尔•卡丹 33 岁的时候，终于开设了一家属于自己的服装设计店，并将自己的经典之作全部陈列其中。让人意想不到的是，他的这样一个举动，却成了他一举成名的引擎。很快，他的设计轰动了整个巴黎。仿佛一夜间，他就成了众所周知的世界级设计师，完成了自己儿时的梦。

【故事小结】

皮尔•卡丹选择了一个自己感兴趣的职业，为了可以成为世界级设计师，他始终如一地坚持着、努力着，而他那个最初锁定的目标，也为他明确了未来的每一步。

成功的方向往往是由兴趣所决定的，一个人如果对自己所从事的工作不感兴趣，就不会因此而树立更远大的志向，那么在这种情况下，无论怎样逼迫自己努力，也都是枉然。因为所有的努力，都无法实现一个质的飞跃。因此，兴趣也成了成功方向的最佳导航器。

每一个人都有自己的兴趣，只是兴趣不同而已。而有的人所谓的理想，其实只是父母或社会强加的空谈罢了。这样的人，往往从一开始就注定了会有个失利的结局。

如果一个人对自己的理想没有兴趣可言，那么是不会主动去学习的，反而能逃避的时候一定会选择逃避——这就是被现实摧残的梦想。换言之，如果梦想是由兴趣引发而来的，那么不用别人说，他也会自动自觉地去努力了。

因此，选择一个让自己感兴趣的理想，就等于为自己的成功选对了方向，再加上后天的刻苦努力，相信任何难题都可迎刃而解。

第六辑

疯狂的英雄

焦耳

不顾危险做实验

【名人典范】

英国曾经有一个男孩儿，小的时候就非常喜欢做实验，他喜欢自然界中的一切新鲜事物，对于电能、热能之类的自然科学亦是充满了无限的好奇，他曾多次不顾一切地为了找到一个满意的答案而疯狂实验，这种状态让所有人都感到震惊，而这个人，就是焦耳。

一天，焦耳和哥哥外出郊游，在玩儿的时候他突发奇想，找来了一匹瘸腿的马，他想看看电流通到马的身上马会有什么反应。于是，他让哥哥牵着马，自己在马后面拿着电池通上电流观察马的反应。

那匹马受到电击以后，像是刚刚挣脱缰绳的野马一样，号叫着狂跳起来。焦耳的哥哥见状，赶紧将马绳松开才躲过一劫，否则后果不堪设想。可是，焦耳却非常从容，一笑而过，继续拽着哥哥到湖边玩耍。看着弟弟的样子，哥哥哭笑不得。

他们划着船于群山环绕的湖中嬉戏，由于山中空旷，大声说话都会有回音，这一发现再次拨动了焦耳的心弦，他想听听回音最大的时候会达到什么程度，于是他把装满火药的火枪拿了起来，对着空中开枪。

他们先是听到了“乓”的一声巨响，随之而来的是枪口处喷出的火苗。再一看，焦耳的眉毛已经全部被烧焦了。焦耳的哥哥十分生气，可看着为找到自己满意的答案而傻笑的弟弟，却只好欲言又止了。

回家的路上天空乌云密布，瞬时雷声大作，焦耳听到雷声不仅没有躲雨的意识，还拿出了手表，看着闪电和雷声出现相差多少时间。

开学以后，他把自己的发现告诉了老师。后来他才明白，那是光速和声速的问题。不找到答案不肯罢休的他，就是这样执着而疯狂。

焦耳到了 24 岁的时候，对实验更加痴迷了，他把父亲的一个空房间当成了自己的实验室，每天在那里度过的时光对他而言都是最快乐的。此后，他开始了更为疯狂的实验。他把电阻丝缠绕在玻璃管上制成电热器，观察电流、导体和时间的比值，从而得出了电热效应的结论。后来，人们为了纪念他，把这种定律称为“焦耳－楞次定律”。焦耳也因此成为备受尊敬的著名物理学家。

【故事小结】

焦耳从小就对实验充满了好奇，他的思维每分每秒都围绕着他的实验而转动。为了听山谷中回荡的声音到底有多大，他居然不顾自己的眉毛被烧焦，这种疯狂的举动体现了他对科学事业的执着与酷爱。

在我们的生活中，也有很多人想通过自己的双手去做实验，可是因为环境或家长的反对，计划被搁浅了。慢慢地，大部分人都放弃了自身对科学的热爱和探索，变得越来越随波逐流。有些同学甚至在上实验课时都懒得动手，觉得一切与自己无关。殊不知，在这个过程中，他们失去的不仅仅是一次动手实验的机会，更失去了自己追求梦想的动力。

疯狂是一个中性词，全看我们怎么去理解和利用。如果把疯狂当成一种追梦的热情，那么什么样的梦想不会实现呢？

因为有了肥沃的土壤，才会有参天大树的拔地而起；因为有了雨露的滋润，才会有美丽鲜花的茁壮娇艳；因为有了疯狂的梦想，才会有那么多出类拔萃的人。

要摆脱世俗的眼光，不要把自己疯狂的追梦精神遗失在有阻拦的俗世之中。像焦耳一样充满想象地去观察自然，利用每一个可以利用的机会，向既定目标出发。

疯狂的天才

史蒂夫·乔布斯

【名人典范】

史蒂夫·乔布斯在上学期间非常喜欢电子学，19 岁的时候由于家中经济问题被迫休学了。休学后为了谋生，他找了一份游戏公司职员的工作，并借住在朋友家的库房内。工作之余，他总是跑到社区大学去旁听一些课程。可是，他发现自己在很多时候都无法静下心来，总会想一些无聊的事情。在有了一些积蓄之后，他决定去印度。

在此期间，他饱尝了生活的艰辛，几番周折之后终于让自己焕然一新。最后他决定重返公司，从工程师做起，积累经验。

生活步入正轨以后，他又重拾起了自己年少时的爱好，这一次他开始对电脑有了新的思量。当时，电脑是很昂贵的奢侈品，普通人是买不起的，史蒂夫·乔布斯想的是，自己若能制造一台计算机就好了。有了这个想法，他立刻就付诸行动。他找来朋友沃兹尼亚克帮忙，从计算机最难的微处理器下手。但是，当时的 8080 芯片非常昂贵，而且个人在市面上根本买不到，这下，他的计划陷入了艰难的地步。

然而，史蒂夫·乔布斯始终没有放弃，一直琢磨着用其他物件代替 8080 芯片。1976 年，他在参加一次计算机展销会时看到了摩托罗拉出品的 6502 芯片，这个芯片的性能与 8080 芯片的性能类似，而且价钱非常便宜，于是他决定用 6502 芯片替代 8080 芯片，将其装载在自己制造的计算机微处理器上。

回去以后，他和沃兹尼亚克欣喜若狂，两人一起动手，将这个芯片装到了微处理器上，再将已设计好的电路板、显示器、鼠标、键盘等一起组装起来。几个星期的时间过去了，他制造的计算机终于问世。

经过几次实验后，这部计算机的性能和质量得到了市场的肯定。他的这一创新，也让周围的朋友十分震惊，他们觉得史蒂夫·乔布斯简直就是个“疯子”，居然能想到自己制造计算机这件匪夷所思的事情。谁都不会想到，就是这样一部外观难看的计算机，却让史蒂夫·乔布斯的人生发生了巨大的转折。

史蒂夫·乔布斯把计算机研制出来后，搜集了大量的资料，做了很多功课，详细地计算了这部计算机的市场价值，而且断定这部价钱低廉的计算机一定会受到消费者的欢迎。

最后，他决定将这种计算机进行批量生产。为了筹措资金，他变卖了自己手中所有值钱的东西，终于凑到了 1300 美金，他把这笔资金用作自己的创业基金。

同年，4 月 1 日，他和朋友沃兹尼亚克，还有龙·韦恩合伙创办了属于他们的公司，并把首次研制的那部计算机定名为“苹果 I 号电脑”。苹果公司正式问世了。

慢慢地，苹果公司的产品受到了消费者的认可和欢迎，于是大量的订单随之而来。那时，谁都想不到，就是这样一个疯狂的创业想法以及少量的资金基础，成就了今日苹果公司的辉煌，而那个夺人眼球的创始人——史蒂夫·乔布斯，也因此成为备受瞩目的名人。

【故事小结】

在那个电脑还未普及的年代，有几个人会想到要自己来组装电脑？又有几个人敢于挑战自己未做过的事情？然而，这一切在史蒂夫·乔布斯那里都变成了现实。他孤注一掷地投身于自己热爱的行业，并最终得到了理想的结果。

看看史蒂夫·乔布斯取得的辉煌成绩，再联想一下自己。为什么自己会失败？自己缺少的是什么？

当然，世界上只有一个乔布斯，而每个人的成功也是不尽相同的，我们无需用别人的成功来苛责自己、要求自己。只是，我们也应该有自己的目标和达到目标的方式。显然，从乔布斯的身上，我们看到的最明显的一点即是胆识——疯狂的胆识。

也许，很多人缺少的就是那种不计后果、勇往直前的奋进精神。生活中，我们很多时候总是在扮演着“唯唯诺诺”的角色，对凡事都顾虑太多，犹豫不决。

梦想谁都有，成功的渴望谁都期待，但是总思前想后，这种顾虑就会成为阻碍我们前行的绊脚石。不少青少年原本给自己制定了目标，且是可以实现的，比如在期末考第一名。可是一想到对手的强大，就自动后退了，加之学习上再遇到一些难解的问题，于是这个可以实现的目标就此“寿终正寝”了。

从一个宏观的角度看，这就是我们失败的原因。有些时候，一个人面对理想遭遇坎坷时，需要的就是一种疯狂的劲头，只要怀揣梦想，就要不计后果地一往无前。也许，这个观念过于偏激，但如果常常犹豫不决，总是徘徊，那什么时候才能实现一个目标呢？或许，随着时间的推移，我们就会懈怠，继而平庸无为地度过一生。如此，多年之后，当回首往事时，也只能留给自己一声叹息。这么说来，既然已能看到这样的结果，又为何不能在结果出现之前奋力一搏呢？

霍金的成功之路

【名人典范】

著名科学家霍金，是一位了不起的“疯狂学者”，他即使在患重病时还不忘专心研究。他证明出的理论及定理，为现代科学做出了巨大贡献。而其成功背后的苦涩及疯狂，也许只有他自己知道。

霍金从小就对自然科学以及宇宙的奥妙充满浓厚的兴趣，他经常为一个宇宙未解的奥妙而思索好久。他想着，总有一天自己会解开那些未解之谜。为此他沉迷于其中，不断地学习。

然而，不幸的是，霍金 21 岁时患上了不治之症，从此之后，连站起来走路对他来说都成了一种挑战。他几度消沉，医生也一次次地向他宣判死刑，他绝望极了。

后来，在妻子的安慰和无微不至的关怀下，霍金对人生有了新的认识。他想到，即使生命只剩下最后一天，也要做一件值得让自己和家人骄傲的事情。

很快，他开始继续其研究生涯。他找来自己的朋友彭罗斯，让他帮助自己动手做实验；而自己的妻子负责把报纸和书籍铺平，摆在他的面前，当发现有助于研究的问题就让彭罗斯帮忙记录下来。那时，全身瘫痪的他只能靠电动轮椅行走，而他每天的研究都非常艰难，不过他始终都没有放弃。终于，在阅读了大量的科学书籍以及关于宇宙的知识后，他发表出了著名的“奇性定理”。

然而，霍金并没有就此安于现状，他想把自己所能挖掘的知识全部证明给世人看。虽然他的疾病在急剧地恶化，可他并不在意，他开始向更难的量子宇宙论发起进攻，他想用自己的实力证明一切。

可此时，身体状况的恶化已导致他说话都成了问题，只能靠电脑和语音合成器完成自己思维中要表达的内容。可即便如此，他每天也要工作到深夜才肯休息。

就这样，他在病榻上找出了黑洞因辐射会变小，而温度会升高的秘密。他把自己的想法和理论全部表达出来，在妻子的记录下完成了著作——《黑洞与婴儿宇宙以及相关文章》。这一著作的诞生，填补了世界宇宙学的空白，而霍金也因此成为闻名世界的“宇宙之王”！

【故事小结】

从霍金的故事中我们能看出，他确实是一个为了理想而疯狂的人。在不能行走也不能说话的情况下，他还能凭借自己的毅力坚持研究，实在令人钦佩。

可能有人会觉得，霍金的成功离不开妻子的鼓励和朋友的协助。这一点是事实，可如果内因不努力，外因再强大也是无济于事的。

现如今，很多在校的青少年朋友基本都是家里的独生子女，是家中唯一的宝贝，父母亲人都围着他转，所提出来的要求也基本都会得到满足。有的说想学书法，家长就会通过各种渠道为之找最好的老师；有的说想学画画，家长就会找来小有名气的画家教授绘画知识……这样的生活和父母为之创造的条件自然十分优越，可遗憾的是，这其中有多少人能真正地学有所成？

成功不需要依靠，外人的帮助只是一个寄托，并不是全部，要明确自己努力的目标，才能真正地付诸行动，并为之疯狂努力。

我们作为朝气蓬勃、体格健壮的青少年，要从自身出发，不依赖外在环境，至少不可以把外环境当成促使成功的绝对条件。我们要找到自己梦想的源头，然后采取“疯狂之态”，以激发自己的潜能，继而逐步靠近梦想。

巴雷尼

奇迹般战胜疾病

【名人典范】

巴雷尼小的时候因为身患重病而不幸残疾。得知这一消息的母亲泪如雨下，心痛不已，但为了能让巴雷尼坚强地走过人生的黑暗地带，母亲擦干了泪水，抱起幼小的巴雷尼，对他说："妈妈相信你是一个坚强的孩子，很抱歉，对于你身体的现状，医生和妈妈都束手无策，但是我相信我最勇敢的孩子，你可以用自己的毅力顽强地站起来，过常人一样的生活，能做到吗？"

听了母亲的话，巴雷尼大哭一场后答应了母亲的要求，好好活下去，站起来，让自己的人生活出原有的色彩。

从那以后，巴雷尼在母亲的陪伴下开始了系统的功能锻炼。最初，他只能进行简单的扶杠行走，而这也会让他喘息很久。强烈的疼痛，让他的衣襟都被豆大的汗珠浸湿了。不过，休息片刻之后的他，还是会咬牙继续坚持着。

一次，母亲在陪伴巴雷尼做功能锻炼的时候不慎感冒，发烧不退，但她一想到巴雷尼的锻炼不能因自己而中断，于是拖着病体一如既往地陪着他，这让巴雷尼很难受，也很受教育。他下定决心，无论怎样都要站起来，否则就对不起自己的母亲。因此，无论身体出现怎样的状况，他都会坚持锻炼。

功夫不负有心人，终于，在他坚持不懈的努力下，他可以在无人搀扶的情况下独自站立了！虽然走路还是会有些艰难，但总算在与命运的对抗中占据了上风。

后来，巴雷尼以优异的成绩考上了维也纳医学院，毕业后他主攻耳科神经学研究。他发现，在给患者冲洗化脓的耳朵时，会引起眼球急速的转动，这一发现引起了他的兴趣。随后，他搜集材料，翻看病例，在反复的研究和实验中得出了“热检验”结论，这一结论为医学前庭的疾病的早期诊断起到了重要作用，并在临床上得到广泛的推广。后来，人们把这一检验称之为“巴雷尼检验”。

巴雷尼用自己的实际行动回报了母亲，且于 1914 年成为诺贝尔生理学和医学奖的获得者。

【故事小结】

巴雷尼的残疾，给他幼小的心灵带去了深深的创伤，但在母亲的一再鼓励下，他重新找回了坚强和自信，并因此战胜了病魔的打击，继而走过了人生中最昏暗的岁月，终获成功。

古往今来，举凡名人，无一没有几分“疯狂”，巴雷尼也是一样，如果没有他那疯狂般的坚持，何来令人瞩目的成就？早期，那看似简单的功能锻炼的过程，其实不仅是在练习走路，更重要的还在于磨炼了他的意志，使其更加顽强，并因此具备了自强不息的品格。

有时候，命运总是不公平的，它不会让任何人的生活一帆风顺，总会出些难题考验大家，就像巴雷尼一样，他在某种程度上讲，对命运应该抱有感激之情，因为正是被命运夺取了行动的自由，才造就了他不服输、不气馁的精神以及为了理想而疯狂的性格。

在这个世界上，很多杂念都会让我们为梦想分心，故此无法将全部注意力集中在拼搏进取中，因此，我们更多人总会与成功擦肩而过。如果我们能拥有巴雷尼坚持功能锻炼的那般疯狂的专注，或许达成某一目标就不再是个难题。当我们把全部的注意力都聚焦于自己的梦想上，我们每天都会有不同的发现和心得。当然，成功绝非一朝一夕，但只要我们不放弃心中那个近乎疯狂的梦，总有一天我们也会创造奇迹。

巴斯德

用生命做实验

【名人典范】

巴斯德是法国杰出的微生物学家，为了探寻微生物学的奥秘，他多次出现在病毒或是细菌居多的一线，不顾生命安危地舍生研究，他的敬业精神受到了世人的敬仰。

曾经有一次，在轮船上发现了“黄热病”，巴斯德听到这一消息后立即赶到了那里，希望这次发现能为他早日找到病原菌提供一些最有价值的线索。

当在场的人看到巴斯德不顾一切地寻找病原的样子时，不禁好奇又惊愕地问道：“你不怕吗？”巴斯德回答：“在危及生命的时刻还是让我试试吧，如果不幸去世了，死的只是我一个，如果我找到了治疗这种病菌的方法，就会挽救很多人的生命，这多有意义。”

巴斯德就是这样一个在实验面前不顾自身生命安危的人。最终，他成功地找出了多种疾病的病原，包括"黄热病"，且均已找到了解决的办法。

1882 年，巴斯德开始了狂犬病的研究。提到这个敏感的字眼，大家都知道它的危害。在巴斯德研究这个实验之前，业界似乎还没有人把这种病毒定义为"狂犬病毒"，只是在科学领域知道这是一种危害性很强的细菌类物质而已。

后期，巴斯德通过多次实践得知，这种物质通过反复转化、干燥，可以将其毒性减少，于是他将提炼出来的有毒物质分别注射给兔子和狗，通过它们体内多次的代谢，再逐步注入剩下的一部分，最终他发现，在这个实验过程结束后，兔子和狗都对狂犬病的病毒有了特异性抗体，可以自动防御狂犬病病毒的侵入了。

1885 年，一次意外的机会，让一些人把一个 9 岁的小男孩带到了巴斯德的实验室。这个孩子刚让疯狗咬过，他们认为也许只有巴斯德才有办法救他。就这样，巴斯德按照给兔子和狗做实验的方法，将上述液体物质注入了男孩身体内，方法和给兔子和狗注射的方法一样，逐步加量。巴斯德此举，即是希望孩子在狂犬病潜伏期结束前自身产生抗体。

结果很令人振奋，巴斯德真的做到了，那个孩子恢复了健康！而这一次的实验结论，也变为他宝贵的临床实验财富。就这样，现在我们所说的"狂犬疫苗"就在那一刻诞生了，巴斯德也为自己的研究事业迎来了又一次巨大的辉煌。

【故事小结】

巴斯德用生命中最"疯狂"的特质，无所畏惧地做着实验，他能取得微生物学的多次成功，与他这种执着钻研与努力探索精神密不可分。为了自己的理想而不惜一切，包括自己的生命，这是巴斯德身上最为疯狂的地方，也因此，他才不惧怕那些病菌，并最终成为主宰它们命运的人。

巴斯德这种为了实验连生命都置之不顾的精神，在某种程度上"并不可取"，这里的不可取，是在于今天的我们可能无需那么拼命。可是，虽然我们不至于拼命，却不能丢了这种精神。而对我们来说，我们所要效仿的也就是他的这种精神本身。

生活中，很多青少年都失去了一种对人生探求的态度，多数人觉得理想就是表面的风光，它不是每个人都可以拥有的。很多时候，我们每个人心中所期待实现的一件事，在某个层面上来说，就不失为是一个理想。当然，为了理想的实现，某些疯狂的举动也是不可或缺的。

值得一提的是，不少人都觉得只有玩的时候才会疯狂，至于学习或是追逐梦想，却没有必要搞得这么夸张。事实上，这并不夸张，如果没有疯狂的拼劲儿，哪来那么多人创造出的那么多奇迹？

因此，把所有的疯狂都利用起来，用在对成功的追逐中，总有一天，我们也可以变成梦想中的偶像那般优秀。